捨て猫ソマリの独り言

傍目捨石・著

まえがき

人の一生には様々な出会いがあり、それが人を不幸にしたり、幸福にしたりします。無論《むろん》、これは人間と人間との巡り会いだけではありません。動物との奇縁《きえん》な遭遇《そうぐう》も、人の生涯に大きな変化をもたらすことがあります。

有史以来《ゆうしいらい》、最《もっと》も古くから、人類社会で同居するようになった動物は犬と猫であると考えられています。そして、犬猫に限らず、動物との不思議な出会いとその人物の生活変化について、歴史的逸話《いつわ》が数多く残っています。

三年前まで、私は猫を飼ったことがありませんでした。その上、その動物が特に好きだというわけでもありませんでした。

長女が嫁いで家を出て、また、長男も家を離れる気配を感じた時、ふと、妻から

「猫でも飼ってみましょうか」

という提案がありました。その時、あえて反対する気持ちが不思議と湧《わ》きませんでした。

ある日、帰宅すると、一匹のおびえた白い猫が、ゲージに入って待っていました。

「この子はどうしたんだね」

と妻にたずねると、

「猫の里親センターから預かったの」

という答えが返ってきました。

その子は人間不信が強く、なかなか私たちには懐《なつ》きませんでした。そうした様子をみて私たちには、

「もう一匹、猫がいれば、少しは性格が改善するのでは」

と、そして、

「近いうちにもう一匹、妹弟を増やしてみよう」

という合意がなされていました。それはある意味、漠然《ばくぜん》とした根拠《こんきょ》なき期待も含んでいました。

それから一ヶ月後、そのもう一匹目になるオスの子猫との、思いがけない出会いが待っ

ていました。それが本書の主人公ジョバンニなのです。

不思議な子猫が来てから、足掛け三年になります。彼が私たち家族の一員になったお陰で、期待以上に、〝白い相棒〟の性格が改善していくのが分かりました。というより驚くほどの変身ぶりでした。

世の中には「子は夫婦のカスガイ」ということわざあります。私たち夫婦にとっても、まさしくこの猫たちは大変良いカスガイになっています。

ところで、一緒に暮らすうちに、ジョバンニが猫の常識を覆《くつがえ》すような特殊な猫であることに気づきました。私たちとのコミュニケーションを取るのに、アイコンタクトを多用していることを認識しました。人間の言葉を話せない分、時空を超えて，脳からの意思情報を頻繁《ひんぱん》に発信しているように思えてきたのです。

猫の一生は我々に比べて短命です。そのため、一才未満の無邪気な行動の記録を取り損ねることが多く、貴重です。写真に撮れなかった部分はメモに残すことにしました。我が家の猫たちが繰り広げた愉快なエピソードをメモ帳に書き留めているうち、その数が三十近くになってしまいました。もちろん、それらの出来事を証明する写真もかなり揃いました。しかし、それだけでは物足りなくなり、遊び心で、ジョバンニを擬人化《ぎじんか》して、文章でまとめてみることにしました。

最寄りの駅からターミナル駅まで、各駅停車で通勤すると、ちょうど二十五分かかります。都合よく座っても行けます。この時間を活用して執筆することにしました。他の乗客の皆さんはスマホを愛用していますが、私は昔ながらの2Bシャープペンシルと手のひらサイズのメモ帳で、本書の原稿をしたためました。

七十才を過ぎた人間にとって、朝から液晶画面を見続けることは、それからの本業に差し支えます。ひょっとして、周りの乗客にとって、初老の手書き行動はやや奇異《きい》に映っていたかもしれません。

原稿を書き始めてしばらくすると、文章を書いている本人の記憶が、さらに鮮明になることに気づきました。おまけに、自分自身がとても穏やかになっていく効用も増してきました。時には、無意識に自分の顔がほころんでいることが想像できました。こんな挙動《きょどう》も隣の乗客からは不思議がられていたかもしれません。

さて、こんな日記文みたいなものが、ひょんなことから一冊の本になる経緯《けいい》をとることになりました。どうせなら本書を心温かい、ユーモアのある作品に仕上げようと計画しました。それには文章だけでは味気ない部分が多くなると危惧《きぐ》します。そこで、長年の知人である漫画家の上杉しょうへいさんに挿絵《さしえ》を依頼《いらい》しました。上杉さんの軽妙《けいみょう》、コミカルなイラストが、私の文章では表現しきれない微妙《びみょう》な部分を充分《じゅうぶん》に補《おぎな》ってくれると確信しています。

前口上《まえこうじょう》はこのぐらいにして、どうぞ本文をゆっくりお楽しみください。

平成二十七年十二月、通勤電車の中で

傍目捨石

捨て猫ソマリの独り言 ◉ 目次

1 カラスの襲撃

黒い恐怖が、頭上から、そして背後からも迫ってくる。不快な羽音とともに絶望感が増幅《ぞうふく》していく。力の限り、空《くう》を切る猫パンチが起こす微《かす》かな風も、カラスにとって、扇子《せんす》であおいだ快《こころよ》い風にしか感じないのか。

藤棚《ふじだな》のベンチの足元に、身を隠すため、兵隊が退却《たいきゃく》するように、後ずさりした。助けを呼ぶ子猫の鳴き声など人間には届かない。

必死になって反撃するも、そんなぼくをあざけり笑うように、威嚇音《いかくおん》を喉から発して、執拗《しつよう》に襲ってくる。ここ数日、まともなものを食べていないから、空腹も限界に達していた。

当時、体重は四百グラム未満、痩《や》せてしまって、まさしく骨と皮の状態だった。疲労はピークに達し、もう限界かと思われた。黒光りした、生きたアーミーナイフが目をつき、腹を引き裂く戦慄《せんりつ》が脳裏《のうり》をよぎった。その時、奇跡が起きた。

雷神《らいじん》の叫びのような人間の怒声《どせい》が聞こえると同時に、カラスたちの、一斉《いっせい》に逃げ去る姿が目に入った。

夢か、いや現実だ。ぼくは助かったのだ。そばには帽子《ぼうし》を被《かぶ》った六十代後半の、白ひげの人間が立っていた。それが猫田のお父さんだった。まさしく正義の味方、〝犬のオマワリさん〟に見えた。この人が憎きカラスを追っ払ってくれ、そのおかげで九死《きゅうし》に一生を得た。

カラスは哺乳《ほにゅう》動物の子どもを狙うとき、目とおなかをつつく。目を見えなくしてから、内蔵を狙う。実に巧妙《こうみょう》な攻撃方法だ。都会の子猫の天敵はやつらなんだ。体重が三百グラムぐらいの軽さだと簡単にさらっていく。

ぼくはこのおじさんの足元で8の字を描いて、匂い付けをして離れなかった。彼が立ち去ろうとしたので、おぼつかない足取りで、後ろについて行った。すぐに、当人はそれを見届けて立ち止まり、携帯電話をかけた。奥さん（猫田のお母さん）と話をしているようだ。しばらくして、ぼくを猫田の家へ連れて行く了解を得たようだ。

さっそく、おじさんは被《かぶ》っていた帽子《ぼうし》を脱ぎ、それでぼくを被《おお》い、人間の赤ん坊のように抱きかかえた。しばらく忘れていた、あの生のぬくもりが伝わってきた。帽子を脱いだ頭はハゲている。でもその姿が慈悲《じひ》深いお坊さんのようにも見えた。

家に着くと、しばらくスーパーの買い物カゴに入れられ、上からダンボール紙でフタをして、逃げ出さないようにされた。しかし、本人はビックリして、水道の蛇口《じゃぐち》からほとばしり出る水音のような、かすれた声で泣きわめき、暴れる。

そのうち、猫田家のただならぬ事件に気づき、二階で寝ていたTお兄ちゃんとチャロちゃん（先輩のメス猫）が降りて来た。特に、チャロちゃんは何事が起きたんだろうと、恐る恐る、近づき、目をまんまるにして驚いている。

まもなく、お父さんは仕事があるので外出した。お出かけの挨拶の顔は少し笑っていた。

公園から連れてこられたばかりのぼくの身体はあまりにも臭かった。そこで、お母さんはそのまま動物病院に連れて行くのが失礼だと思い、暖かいシャワーで洗ってくれた。ぼくはシャワーが大好きなんだ。いい気持ちだった。

公園
コラァ
にゃあ

2 猫田家に引き取られて

自己紹介が遅れたが、僕の名前はジョバンニ。愛称《あいしょう》はジョン。二歳のオス（正式には元オス）。猫田のお母さんが名付け親だよ。宮沢賢二の銀河鉄道からヒントを得たそうだ。お父さんの名は猫田正吉、お母さんの名は猫田正子だ。

ぼくは平成二十五年九月八日、世田谷区のS公園で猫田のお父さんに助けられた。猫田家に引き取られたその日、動物病院に行き、余病検査《よびょうけんさ》と予防接種《よぼうせっしゅ》を受けた。足から採血《さいけつ》したけれど、しばらくは、そこが痛くて二週間ほど、後足一本を引きずっていた。

動物病院の先生は、

「この子はほとんどソマリという猫の血が色濃く入っていますね。特徴《とくちょう》が良く出ています」

と、お母さんに言っていた。

パパかママのうちどちらかがソマリなのだろう。しかし、本当の両親の顔は知らない。

もちろん、ぼくには血統書《けっとうしょ》などない。

病院に行った後、両親は「猫の里親センター」の担当者に、公園でカラスに襲《おそ》われていた子猫を保護したことを報告し、今後のことを相談した。

すると、

「ぜひ、猫田様で育ててあげてください」

と、アドバイスを受けた。

そういうわけで、その夜から、ぼくは正式に猫田家の一員になった。ぼくは人間が大好きなんだ。特に猫好きはね。命の恩人《おんじん》の〝お坊さん〟の家はまさしく別天地《べってんち》だった。

ところで、どう思い出そうとしても、猫田のお父さんに出会う前の記憶《きおく》が戻ってこない。無理に思い出そうとすると涙が出て止まらない。ただ、ぼくには弟がいたことは覚えている。ぼくがカラスと必死で闘《たたか》っていた時、彼は逃げていなくなっていた。

3 猫田家の一員として

猫田家の環境《かんきょう》は最高だった。まず食事だ。猫に良いものを吟味《ぎんみ》して、出してくれた。その味は、公園でひもじくて、やむなく食べた死にかかったセミの味とはまるで違う。身体の嫌な匂いも二日で、すぐ消えた。

二階もあるし、家そのものに興味津々《きょうみしんしん》だ。好奇心の強いぼくは、お母さんのあとについて、朝から家の中を探索《たんさく》したよ。まるで犬みたいだけど、これがそれからの日課になった。

お父さんは夕食を済ますと、テレビの前で二つ折りにした座布団《ざぶとん》を枕代わりにし、寝ながらテレビを見る。面白そうなので、一緒にその座布団の上で見たことがあるよ。猫写真家の川合さんのビデオ、あれはいいよね。

両親はチャロちゃんとぼくが早く仲良くなることを願っていた。でも彼女が一週間〝引きこもり〟になって、食事をとらなかったから両親は大変心配した。

ムツゴロウさんの話によると、子猫の時はお尻からホルモンが出て、それが大人の猫には、子猫をかわいがる行動を、促すように働きかけるそうだ。それで、両親は、ぼくのお尻を一日一回必ずチャロちゃんにかがせていた。

でも、こちらが仲良くしようと思って、チャロちゃんに抱きつこうとすると彼女は怒った声を出して、威嚇《いかく》するので取り繕《つくろ》う暇もなかった。


ところが、十一月のある寒い日、二階のチャロちゃんの寝床《ねどこ》で寝ていると、突然、Tお兄ちゃんがチャロちゃんを抱っこしてきて、寝床《ねどこ》の箱の中に入れた。ぼくは寝ぼけていたけれど、チャロちゃんは、動くぼくの右耳を甘噛《あまが》みして、右前足で身体をしっかり押さえ、次に優しくなめ始めてくれたんだ。その日からぼくらは仲良し姉弟になった。

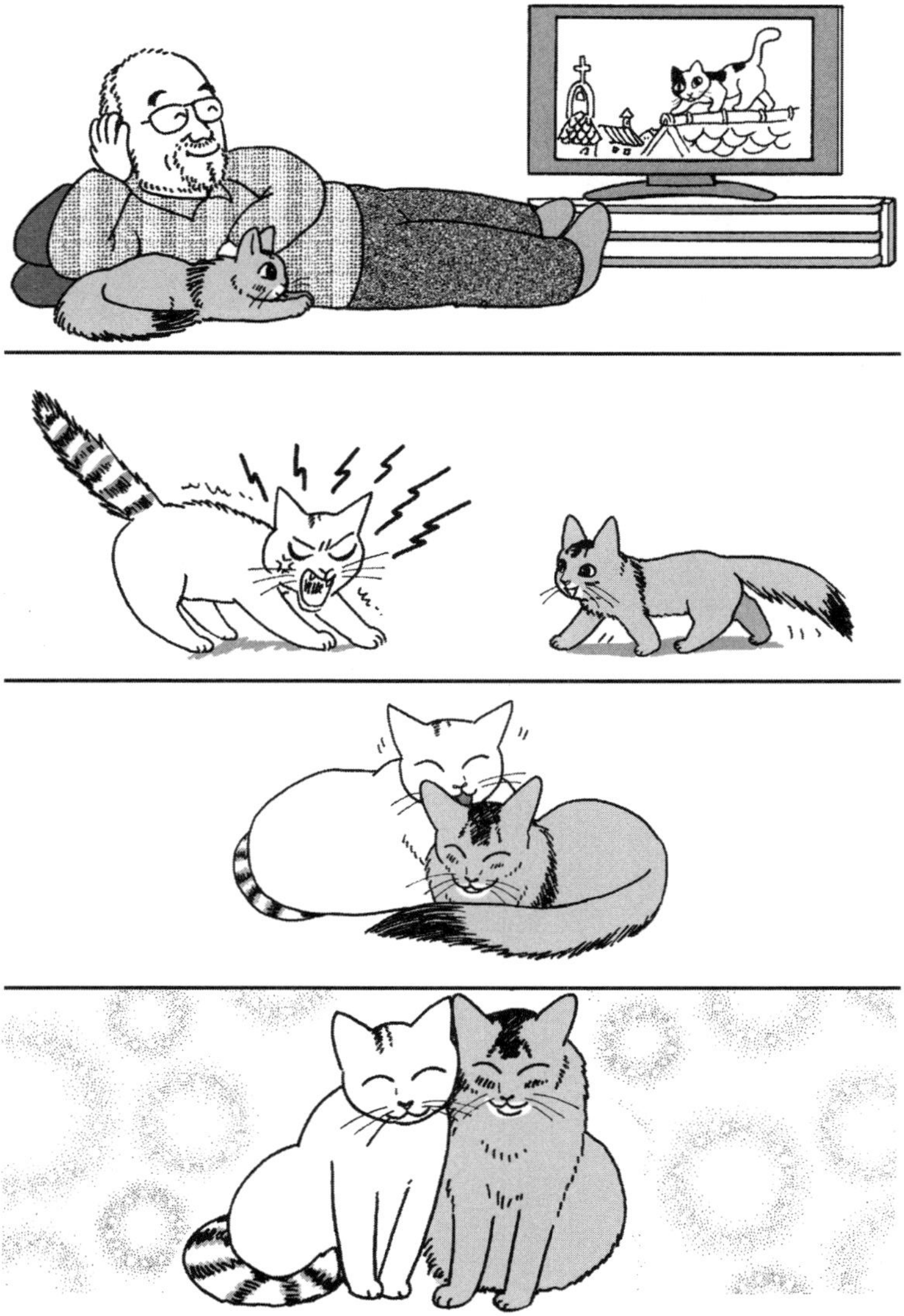

4 ママのオッパイ

チャロちゃんが二階から降りて来るとき、ケンカしないように、二人が仲良くなるまでぼくはゲージに入れられていた。けれど、それ以外は、リビング、和室、台所が遊び場だ。

ぼくはまだ小さいので、本当は別れたママが恋しいんだ。そのことを察知《さっち》してくれたお母さんは、夜になると必ずお布団《ふとん》で一緒に寝てくれた。

お母さんの腕枕で寝ていると、本当のママのオッパイが恋しくなるんだ。その時は、彼女のパジャマがママのお腹に思えて、ワキの下を〝チューチュー〟と吸ってしまう。

お父さんのお布団に入った時も、ワキの下のニオイがママのお腹のニオイに似ていた。力こぶのところもママのお腹を想像《そうぞう》させるから、パジャマの軟《やわ》らかいところを「グー、パー、グー、パー」と押しながら、オッパイだと思って吸ってみた。でも本当のオッパイではないからミルクなんか出ないよね。

時々、爪《つめ》が腕にあたって、お父さんは痛がっていた。でも、ぼくは夢中で二十分以上も〝幻のオッパイ〟を吸っていた。

おかげでパジャマは土砂降《どしゃぶ》りの雨にあったごとく濡れてしまった。

〝子どもへの授乳行動《じゅにゅうこうどう》〟のおかげで、お父さんはすっかり寝不足になった。その後、お父さんはパジャマを着替えたみたい。

その点、お母さんは子育ての経験があるから、ぼくが〝パジャマのオッパイ〟を吸っていても、いつも「白河夜船《しらかわよふね》」で寝ていた。

ビチョ
ビチョ

5 ぼくの弟

弟と二人で食べものを探して、公園を徘徊《はいかい》していたことは覚えている。しかし、カラスが襲《おそ》ってきた時、彼はどこかに逃げて、いなくなっていた。だから、ぼく一人であのカラスたちと闘っていたんだ。

猫田家の家族になってからしばらくして、お母さんがぼくを定期検診のため病院に連れて行ってくれた。

その時、スタッフの女性から、

「ジョンくんと瓜《うり》ふたつのソマリが、猫田さんがジョンくんを保護した翌日、うちの病院に来ましたよ。それも同じS公園で保護したとのこと。でもその方はどうしてもその子を引き取ることが出来ないので、うちのスタッフが今育てているんですよ」

と知らせてくれた。

しばらくして、その病院で弟と対面した。

たしかに、ぼくと良く似ている。耳のかたち、毛の色と長さ、足の太さなど。なつかしくて、ついそばに寄っていった。けれど、弟は、

「出て行け」

と言わんばかりに、威嚇声《いかくごえ》を発《はっ》し、兄を寄せ付けない。こちらはお母さんにしがみつき、とても寂しくなって横を向いてしまった。

無理もない。弟は時々病院に遊びにきて、今じゃ、病院は彼のテリトリーになっていた。確かに、ぼくなど招《まね》かれざる客だもの。

その後、彼には会っていない。

ゴミ

6 整体師さんの出張

戸の隙間《すきま》から覗《のぞ》くと、和室でお父さんが腰を揉んでもらっていた。てっきり、彼がいじめられていると思って中に入った。整体師Yさんは何事が起きるのかと目を白黒していた。もちろん、しばらく手を休めていた。

迷わずお父さんの周囲《しゅうい》を二周して、鼻にぼくの鼻をつけて

「ニャオ（お父さん、大丈夫？）」

と聞いたんだ。そしたら

「大丈夫。ジョン、心配しなくていいよ」

の言葉が返ってきた。だけど、本当は心配で、Yさんが帰るまで、約一時間、近くの机に登って監視《かんし》していた。プロにとって、そういう状況下では、いささか仕事がやりづらかったに違いない。

これはお父さんのところに整体師《せいたいし》さんが出張してきた時の話だ。

お父さんは遠方《えんぽう》への出張診療があるため、長時間、新幹線《しんかんせん》を利用せざるをえない。そのせいで腰に疲労《ひろう》が溜《た》まる。そのつど、身体《からだ》のケアが必要になり、いつもではないが、時々自宅で整体をお願いする。

二度目に整体師さんがきた時も、ぼくはまた心配になって部屋に入り、お父さんの周《しゅう》囲《い》を今度は一周して、彼の鼻に鼻をつけて

「ニャオ（お父さん、大丈夫？）」

と聞いた。この時も、

「大丈夫。ジョン、心配しなくていいよ」

と返事をしてくれた。それで、ようやく安心して部屋を出ていった。

三度目は戸の隙間《すきま》から覗《のぞ》くと、お互いに眼《め》が合って、またお父さんは、

「大丈夫。ジョン、心配しなくていいよ」

と言った。それで、今度は部屋に入らなかった。

「お父さん大丈夫？」
「ジョン、
大丈夫だよ」

7 宅急便のおじさん

　宅急便のおじさんがチャイムを鳴らすと、ぼくが一番先に出て行って、お母さんが伝票にハンコを押すのを見届ける。来訪を知らせる合図をする他の来客《らいきゃく》にも、ほとんどの場合、玄関まで出迎えにいく。これもぼくの変わった習性《しゅうせい》の一つだ。

　彼女が出掛けて留守《るす》の時のはなしだ。

　チャイムが鳴ったので、さっそく玄関に行ったけれど、二階にいるはずのお父さんがなかなか降りて来ない。ぼくは二階のお父さんを迎えに行って、ドアのところで、

「ニャオ（宅急便だよ）」

と知らせた。彼は、

「分かった。すぐ着替えて降りるから」

と言ってくれた。

　実は、前の日、公園を散歩していたお父さんは左足を少し捻挫《ねんざ》していた。だから、着

替えに、時間がかかったたんだ。こちらは彼の着替えが終わるまで待っていた。それから、着替えの終わった当人の後について二階を降りていった。玄関では伝票にハンコを押すのを見届けた。お父さんは、

「ジョンはかしこいなあ！」

と言って。ぼくの頭をなでてくれた。

　ある日、Mお姉さんが来た時、お母さんは台所でお料理をしていた。ドアの開く音が聞こえず、来訪《らいほう》に気づかなかった。ぼくはすぐ玄関に出ると、Mお姉さんと目が合った。その足で台所に出かけ、足元で、

「ニャオ（誰かきているよ）」

と知らせた。それで訪問者《ほうもんしゃ》のあることが分かった。

「誰かしら」

と手を拭きながら、彼女は玄関に出ていった。Mお姉さんがあとで、

「ジョンちゃんが迎えにいったでしょ」

とお母さんに確かめていた。

ピン
ポン♪
「宅急便だな」
ニャオ
「宅急便だよ」
配

8 チャロちゃんの特技

猫田家の先輩チャロちゃんは、一才年上のメス猫だよ。猫の里親センターから預かり、ぼくが来る一年前に、生後八ヶ月で猫田家の養女になった。でも虐待《ぎゃくたい》のトラウマがあったのか「自閉症《じへいしょう》」ぎみだった。やさしい猫田家の人々にも懐《なつ》かない。猫田家のみんなは、そんなチャロちゃんのことを心配して、

「もう一匹猫がいると、少しは良くなるのでは」

とぼくが保護《ほご》される一ヶ月前、真剣《しんけん》に話し合っていた。まさしくその一ヶ月後、お父さんとの運命的な出会いがある。

チャロちゃんは、色は白く、美人なんだけど、お父さんに言わせると猫の知能指数《ちのうしすう》は六十ぐらいだろうと。ちなみに、ぼくは百八十ぐらいだって。

そんなチャロちゃんには、こちらにも出来ない特技《とくぎ》がある。スズメの鳴き声を真似ることができる。これはお母さんのスマホに録音してあるよ。

猫田家の庭には、沢山の鳥が飛来する。お母さんが毎日エサをまいているからね。スズメ、ヒヨドリ、メジロ、ウグイス、キジバト、ムクドリ、そしてあの憎きカラスなど。

スズメの鳴き声を真似ることは、ぼくが猫田家に来る前から出来たみたいだ。スズメが数羽《すうわ》えさをついばんでいる時、チャロちゃんは〝三つ指〟ついてじっと観察している。そんな時「チュッ、チュッ」と「ミュッ、ミュッ」の中間の音を出すんだ。そばにいると確かにスズメの鳴き声を真似ていることがわかる。

キジバトが来た時は、違う鳴き方をしたから、どんな鳥でも同じ鳴き方をするわけではない。

お父さんは時々言うよ。

「どんな人間でも、いやどんな猫でも一つぐらいは取り柄《え》があるもんだ」

と。

チュ チュ
ギュ ギュ

9 おトイレとおしっこ

猫田家のお母さんは働き者で早起きだ。でも、ぼくやチャロちゃんの方が早いけれど。毎朝二人は彼女の部屋に「おはよう」と起こしに行く。お母さんのお仕事は色々あるけれど、子どもたちのおトイレもほぼ毎日お掃除《そうじ》してくれる。

元々、猫はきれい好きなんだ。きれいなおトイレで何をしたいな。われらは本来、共同トイレが嫌いだ。

ソマリの祖先《そせん》は北アフリカの高原地帯《こうげんちたい》で発祥《はっしょう》した。大型肉食動物《おおがたにくしょくどうぶつ》から身を守るため自分の糞尿《ふんにょう》はしっかり隠す習性がある。だから、こちらがウンチをした時はしっかり砂を被《かぶ》せるよ。でも、チャロちゃんはほんの少ししか被せない。

そうそう、ぼくはお母さんのおトイレ掃除《そうじ》のお手伝いもすることがある。

ある時、彼女がおトイレのお掃除《そうじ》をしようとした時、ぼくが入ってきてまず点検したら、チャロちゃんのウンチに砂が掛かってなかった。それで、そのウンチにしっかり砂を掛けてあげた。その後、その〝お掃除代理人《そうじだいりにん》〟は悠然《ゆうぜん》とトイレを出ていった。

おトイレと言えば、猫田家のそれは少し広い。ウォシュレットの他に男子用小便器《だんしようしょうべんき》もある。流しの下も広く空いているので、われらのおトイレはここに二つ置いてある。

ところで、ぼくは男子用小便器《だんしようしょうべんき》でオシッコができる。別に教えられたわけではない。砂は掛けられないが、お母さんがその後、ボタンを押して水を流してくれる。それがおもしろい。

この間、ウォシュレットの蓋《ふた》が空いていたのでそちらでもした。ぼくは日本の猫より足が長くて、ウオシュレットを簡単に跨《また》げるんだ。

お母さんはこんな変わった猫の姿をスマホの動画で撮っちゃった。これ、もし人間だったら問題あるよ。生徒のトイレで盗撮をした先生の話が報道されていたね。仕方ない、恥ずかしいけど、見たい人は巻末《かんまつ》に写真が載《の》っているから見ていいよ。

お父さんがこの小便器を使ったときは水を流し、ふちもきれいに拭いておいてくれる。一度、このお掃除をしなかったことがあった。猫用のトイレもチャロちゃんが再三使って臭かったのでこまった。しかし、だんだんオシッコが膀胱《ぼうこう》に溜《た》まってくる。ついに我慢できなくて、玄関でお漏《も》らししてしまった。

朝、このことがお母さんに見つかって、ひどく怒られ、しばらく、罰としてゲージに閉じ込められた。

彼女の怒っている声に、気がついたお父さんが二階から下りてきた。ことの顛末《てんまつ》を聞いたお父さんが、

「夕べ、私が使った後、掃除《そうじ》をしておかなかった。お父さんのせいだ。ごめんな、ジョン」

と言って、謝《あやま》ってくれた。

チャロちゃんのウンチ
ぼくが砂をかける

10 イカのおつまみ

ある晩のこと、食後、お父さんはカバンの中からイカのおつまみが入った袋を取り出し、中から一つ二つと、それをつまんで食べていた。丁度《ちょうど》三つ食べ終わって、袋をカバンに戻した。ぼくはその一部始終をしっかり観察していた。

彼がテレビ観戦《かんせん》に夢中になっているのを見計《みはか》らって、そっとカバンに近づき、チャックを調べた。幸いにも、チャックは完全には閉じていなかった。そこで、その隙間《すきま》から、前足を突っ込み、左右に振ると首尾《しゅび》よくチャックが開いていった。次に頭を突っ込んで、袋を見付け、くわえてしめしめと思った瞬間、残念ながら袋の擦《す》れる音がしてしまった。

そこで、運悪くお父さんに気づかれてしまった。

「ジョン！　おまえは何をしているんだ」

と言って怒られた。彼は即座《そくざ》にカバンのチャックをしっかり閉めて、手元《てもと》に引き寄せて抱きかかえてしまった。

小一時間《こいちじかん》ほど過ぎ、お父さんはカバンを抱《かか》えて二階へ上がった。ぼくはあのおいしそうなイカのおつまみがカバンの中に入っているのをしっかり記憶していた。

ツマミの持ち主が眠りに入った午前一時前、そっと部屋に忍び込んだ。彼は寝てしまったようだ。枕元《まくらもと》のカバンからおいしそうなイカの匂いがしてきた。枕元に抜き足、差し足で近寄ってみた。ラッキー、カバンのチャックが開いている。例によって、隙間に前足を入れて左右に、動かすと少し広く開いた。そこで頭を突っ込んでみたら、好物《こうぶつ》が入った袋に到達した。急いで袋をくわえて外に出した。しかし、またしても、あの音が出てしまった。

さすがのお父さんも、これで目を覚ましてしまった。逃げるが勝ち、一目散《いちもくさん》に戦利品の袋をくわえて階段をかけ降りて、リビングに隠れた。その後を怒った声とともに、好《こう》物《ぶつ》を盗まれた本人が追いかけてきた。

その時点で、観念して、隠蔽《いんぺい》工作を試みた。袋をリビングの隅に放り投げて、部屋のほぼ真ん中で、布袋様《ほていさま》のように、お腹を見せて、横たわっていた。そこにお父さんが入ってきたので

「ニャオー（ボクじゃないよ）」

と言った。お父さんは、

「変な小細工《こざいく》しても無駄だ。お前がやったことはメイメイハクハクだ」

と言って怒った。その後、ボクを抱っこして、

「こんなことしたら、〝イカ〟んぞ」

とつまらないシャレを言いながら、右手で軽く一回、ボクの頭をたたいた。でも目は笑っていたよ。

ところで、こんなくだらないダジャレを言うようになったのは、きっと大阪のS先生の影響だと思う。

もう少しのところで、隠密大作戦《おんみつだいさくせん》は成功するところだった。失敗して残念。でもお父さんが追いかけてきた本当の理由は他にあった。ぼくたち猫にとってイカはとても体に悪いものだ。食べると大きく体調を崩《くず》す。それをわれらの保護者は一番心配したんだ。

Z Z Z
コラ!
……

11 おなかの空いたとき

猫田家の猫の主食はカリカリだ。普通のとダイエット用の二種類ある。その他に特別レシピでお母さん手作りのディナー、あとは特売品のマグロを時々少々いただく。

カリカリはインスタントプロテインが入っていた缶（深さ25センチ、直径15センチ、蓋《ふた》の深さは２センチ）に貯蔵《ちょぞう》してある。

お母さんがカリカリをくれるとき、その缶の蓋《ふた》を開けるのをぼくはいつも見ていた。

ある時、おなかが空いたので、その缶の蓋《ふた》を顔でこすってみた。そしたら、缶はいとも簡単に倒れた。その倒れる音に気づいた彼女が振り返ってこちらの方を見てくれた。

そこで小さく、

「ニャオー（おなかすいたよ）」

と言った。すると、お母さんは、

「これが欲しいの」

と言って、また目を見てくれた。そこでもう一度、

「ニャオー（そうだよ）」

と言った。

それを理解したお母さんはちゃんとカリカリを出してくれたよ。それからはおなかの空いたときはインスタントプロテインの入っていた缶を倒して音をたてることにした。

時々、話に夢中になっている彼女は、缶の倒れる音に気づかないことがある。その場合、缶に一番近い椅子に座っている本人の背中を、背伸びして立ち上がり、軽く引っ掻《か》く。そしたら、

「分かった。分かった」

と言って缶を開けてくれる。

蓋《ふた》の閉め方が緩《ゆる》いと、缶が倒れたとき、中身が飛び出すことがあるんだ。

お父さんは、缶倒しの行動を面白がって、倒れた缶をもう一度立て直す。それでもぼくはまた倒す。それを見て彼はまた立て直す。しかしね、「仏《ほとけ》の顔も三度まで」と言うでしょう。四度以上はこっちだってしない。

Tお兄ちゃんの結婚式の日、両親は泊まりがけ、Mお姉ちゃんも出席するので前の日の夕食も抜きということになる。そこで、お母さんは一計《いっけい》を案じ、ぼくとチャロちゃんの一食分を缶に入れて蓋《ふた》を緩《ゆる》く閉めておいた。

結婚式の当日、当然おなかが空いたので、缶を倒した。すると倒れて中からカリカリが飛び出した。これで、我《われ》らは食事にありつけたんだ。

結婚式から帰宅したお母さんは、缶が倒れて、カリカリがなくなっているのを確認した。その後、お父さんに、ことの次第《しだい》を誇《ほこ》らしげに報告していたよ。一食分くらいなら、ぼくたちは自分でまかなえるんだ。

「おなかが
空いたよ」
「猫をからかったら
だめだよ」

12 放射能の除染レシピ

福島原発事故《ふくしまげんぱつじこ》のあと、首都圏《しゅとけん》のあらゆる生物が何らかの影響《えいきょう》を受けているようだ。ぼくが保護されたS公園の近くにS小学校がある。その屋根の雨《あま》どいに溜《た》まった残土《ざんど》から0・5マイクロシーベルトの放射能《ほうしゃのう》が検出《けんしゅつ》された。

公園を徘徊《はいかい》していた時、おなかが空いていたから、食べられそうなものは何でも貪《むさぼ》っていた。多分、放射能汚染《ほうしゃのうおせん》したものも知らずに食べていたに違いない。

猫田の家に来てからも、しばらく、時々、血便《けつべん》がでていた。お母さんはぼくのお尻を拭く時、いつも出血の有無を確認していた。

我々はカリカリの他に、お母さんの「特別放射能の除染レシピ」で食事を作ってもらっている。朝晩二回も恩恵《おんけい》を被《こうむ》っている。とてもおいしいよ。

野菜には、キャベツ、ブロッコリー、人参、白菜、トマト、猫草《ねこぐさ》を組み合わせている。

動物性タンパク質には缶詰の魚やレトルトを混ぜる。そして極《きわ》めつけは、除染《じょせん》サプリメントの「M」と「V」である。もちろん、両親も「M」と「V」を愛用している。「M」と「V」は体調を整える効果が抜群《ばつぐん》だ。

一年で、血便がまったく出なくなった。現在、おなかはすこぶる快調だ。お母さんの「特別レシピ」のおかげに違いない。

ところで、お父さんは本業の他に奇形《きけい》ゼミの研究もしている。ぼくが保護された年から、二年連続、S公園で羽根が片方ちぢんでしまったアブラゼミを多数採集《たすうさいしゅう》している。不思議《ふしぎ》なことに、他のセミには異常《いじょう》がなかった。

今年は、奇形《きけい》ゼミは採集《さいしゅう》できなかった。しかし、すべてのアブラゼミが「小型化」して、「オスが鳴かない」、「寿命が短い」などの特徴《とくちょう》があったそうだ。S公園ではあのうるさいアブラゼミの声を聞くことができない。

琉球大学《りゅうきゅうだいがく》のグループにより、

「福島第一原子力発電所《ふくしまだいいちげんしりょくはつでんしょ》から飛散《ひさん》した放射性物質《ほうしゃせいぶっしつ》の影響《えいきょう》によりヤマトシジミというチョウに奇形《きけい》が生じている」

という旨の研究結果が報告された。しかし、セミの奇形《きけい》についての研究発表はまだない。

S公園のアブラゼミの奇形《きけい》も、放射性物質《ほうしゃせいぶっしつ》の影響《えいきょう》があるかもしれないな。

血の混じった
ウンチ
肛門に
血がついている
お母さん
大丈夫かな？
ジョンくん
もう大丈夫よ

13 ヤモリのはなし

　ヤモリは指先に吸盤《きゅうばん》がついている両棲類《りょうせいるい》だ。夜、街灯《がいとう》の下で支柱《しちゅう》にへばりついて虫を補食する。猫田家の玄関の壁にくっついていることもある。ヤモリは死んだ振りをして敵を欺《あざむ》く特技があるんだ。

　ある時、トイレで見回りをしていたら、不審なヤモリが徘徊していた。そこで、〝住居不法侵入《じゅうきょふほうしんにゅう》〟の容疑者として逮捕した。それから、さっそくお母さん〝署長〟のところに連行してきた。お母さんは、

「ジョンちゃん、よく捕まえたけれど、もう死んでいるよ」

と言った。

　よく見ると、そのヤモリは仰向《あおむ》けに踏《ふ》ん反《ぞ》り返って、死んだ振りをしていた。やんちゃ坊主でも死んだ虫類には興味がなく、その〝容疑者《ようぎしゃ》〟に対する執着心《しゅうちゃくしん》が急に萎《しぼ》んでしまった。

　そのとき〝不法侵入者《ふほうしんにゅうしゃ》〟はリビングの食卓の足元にいた。それから〝警察官〟は、

また家の見回りにでかけた。

しばくしてリビングに戻ってみると、さっきまで食卓の下でヒックリ返っていたヤモリが見当たらない。あいつは〝逃走〟したのである。お母さんを見上げて、

「ニャオー（ヤモリがいなくなったよ）」

と言ったら、彼女もびっくりして、

「どこへ行ったのかな」

と首をかしげていた。こちらとしては無性《むしょう》に悔《くや》しくなった。

「絶対あいつを捕《つか》まえてやる」

と心に誓《ちか》った。それから、やつの匂いを手がかりに潜伏先《せんぷくさき》を追跡《ついせき》した。そこでやっとトイレに戻っていることを突き止めたんだ。張り込みすること五時間、〝容疑者〟がノコノコ出てきたところを見事〝再逮捕《さいたいほ》〟した。執念《しゅうねん》の追跡劇《ついせきげき》だった。まさに〝敏腕刑事《びんわんけいじ》〟のお手柄《てがら》さ。

ぼくは得意満面《とくいまんめん》、再びお母さん〝署長《しょちょう》〟のところに連行《れんこう》してきた。だけど、あいつは、また例の死んだ振りをして〝取り調べ〟に応じようとしなかったんだよ。

WC

14 お父さんの仕事

ぼくのお父さんは歯科医《しかい》だ。

今でも毎日、仕事に出かけている。その他に、岡山、大阪、愛知県岡崎に出張診療に出向いている。主に難治性《なんぢせい》の高い、歯の病気を専門にしている。お父さんは重度《じゅうど》のムシ歯にはRET法、重度の歯周病《ししゅうびょう》にはF－METHODを開発した人間だ。今でも、この二つの治療法のセミナーを主催《しゅさい》し、後進《こうしん》の指導をしている。

ところで、ディズニーのアニメ「ファインディング・ニモ」を知っているかい。主人公のクマミノが飼われていた場所は歯医者《はいしゃ》の待合室の水槽の中だった。ところで、このアニメの中にかなり専門的な歯科治療法のことがでてくる。それは「根管治療《こんかんちりょう》」という領域《りょういき》だ。名前は「シルダー法」という高度なテクニック。DR.シルダーはボストン大《だい》学歯学部《がくしがくぶ》、歯内療法科《しないりょうほうか》の教授だった人だ。RET法にも「シルダー法」がほんの少し採用されている。もちろん、大部分はお父さんのオリジナルだけど。

Tお兄ちゃんが生まれた年（1981年）、アメリカでこの歯内療法《しないりょうほう》の学会があった。そこでお父さんの開発したRET法の研究発表がされた。発表の前日、実は、DR．シルダーと彼は会場で言葉を交わしているんだ。今から三十四年も前のことだけど。

重度の歯周病《ししゅうびょう》にはお父さんが開発した歯ブラシとブラッシングが有効だ。適切なブラッシングができないと歯周病《ししゅうびょう》が進行してしまう。

猫も歯周病になるよ。もし、几帳面《きちょうめん》な人間のようにブラッシングを怠《おこた》らなければ、歯周病《ししゅうびょう》にはならないと思うけど。猫はブラッシングが大嫌いなんだ。ただし、FMS2という歯ブラシは不思議《ふしぎ》と気持ちが良い。

ところで、お父さんのブラッシング指導をなかなか受け入れてくれない患者《かんじゃ》さんもいる。そんな時、彼の最後の説得法《せっとくほう》がある。

「〇〇さん、あなたは猫が好きですか。それとも犬が好きですか」

と質問する。もし猫が好きと答えたら、

「あなたの口の中に瀕死《ひんし》の可愛《かわい》い子猫が○○ひき住んでいます。その子らは〝介護《かいご》〟しなければ死んでしまいます。〝介護〟とはブラッシングのことです。さあー、どうします」

「今日からよろしくお願いします」

と。でもこの言葉は猫好きにとっては厳《きび》しく響《ひび》きますよね。

人間並みに頭が良く、手先が器用だったら、ぼくは猫の歯医者になりたい。でもそれは無理か。

RET･F－METHODについて
RET･F－METHODの第一猫者、猫田ジョバンニ先生です！
RET･F－METHODについて
歯根膜の重要性
パチ
パチ
パチ
パチ
パチ
パチ
パチパチ

15 お母さんの体調とぼくの添い寝

ぼくが猫田家に養子《ようし》にきた頃、毎晩お母さんが一緒に寝てくれた。今でも、時々お母さんのお布団で寝る。夏は暑いので厳密《げんみつ》には少し離れたところで、冬は寒いので少し布団に入って寝る。お父さんの場合は掛け布団の上でね。

そう言えば、彼女が昼寝をする時も一緒に寝るときが多い。

「ジョンちゃん。お昼寝するよ」

と、声をかけてくれる。

布団の上で、真っ直ぐ前足、後ろ足を延ばし、人間みたいに、背中合わせで寝ることが多い。

猫は家族のことをいつも気にかけているんだ。もし、家族に何かあったらぼくらが不安になるから。

ある時、お母さんが二階で片付けものをしていた。すると何かにつまずいて、タンスが倒れるような音をたてて、彼女が倒れた。

その音を別室で聞いたぼくは、急いでその部屋に飛び込んだ。

さっそく横になっているお母さんの顔に近づき、ぼくの鼻を彼女のそれにくっつけ、

「ニャオー（お母さん、大丈夫？）」

と聞いた。すると、

「ありがとう、大丈夫よ。ちょっとつまずいただけだから」

と言ってくれたよ。その後、

「ジョンちゃんは本当にやさしいね」

と言って、頭を撫《な》でてくれた。

普段、健康なお母さんでも、稀《まれ》に体調を崩して、一日寝込むことがある。そんな時、ぼくは心配で、ほぼ丸一日添い寝する。いわゆる、看病《かんびょう》だ。大好きなお母さんだから当然の献身《けんしん》さ。

朝、お父さんが戸を開け、

「案配《あんばい》はどうだい」

と、たずねるので、彼の顔を見上げて、

「ぼくが看ているから大丈夫」

と合図を送るんだ。もちろんトイレには時々行くけれど、お母さんが起きられるまで、容態《ようたい》を看ているよ。

夜、お父さんが帰ってくると、また戸を開け、

「具合はどうだい」とたずねるので、

「だいぶ良いみたい」

とこちらも合図を送る。

「お母さん
具合はどう？」
「添い寝してあげる」
「かなり 具合
良くなったよ」

16 チャロちゃんとお父さんのおかしな会話

チャロちゃんがお父さんの部屋に入る時、入り口で必ず、三《み》つ指をつき、お座りして挨拶《あいさつ》するのを忘れない。意外と礼儀《れいぎ》正しい。

「ニャオ（入ってよろしいでしょうか）」

お父さんが、

「何か御用《ごよう》ですか」

とたずねる。

「ニャオ（大した用事ではありませんが、ちょっと……）」

「それでは、近くまでおいでください」

とお父さんが答える。

「ニャオ（あの、おやつを少々いただきたいのですが）」

と彼に近づいてお願いする。すると、

「おやつを食べ過ぎると、歯周病《ししゅうびょう》になるとお母さんが言っていますけれど」

と言われてしまう。

「ニャオ（そこのところを何とか）」

「それでは、お母さんに内緒《ないしょ》で、ほんの少し、あげましょう。ここにお座りください」

とお父さんのひざの前を指差す。チャロちゃんは指図通《しじどお》りお座りする。

「ところで、チャロちゃんは何才ですか」

「ニャオ（二才です）」

「三才でしょう」

「ニャオ（いいえ、二才です）」

「三才じゃないですか」

「ニャオ（いいえ、二才です）」

「水掛《みずか》け論《ろん》はよしましょう。はい、おやつです」

と言ってそれを彼女の前におくと、食べ始める。

変な会話ですよね。お父さんは本当にチャロちゃんが「ニャオ（二才です）」と言っているのが、分かるのかな。

ぼくもお父さんの部屋に入る際《さい》、小さな声で、

「ニャオ（入ってよろしいでしょうか）」

と言う。

特に、まだ彼が寝ているかも知れない時は、気を遣う。すでに起きている時は、

「おはよう」

と言ってくれる。

それから、カバンのところに行って「お勉強の時間」の準備をする。ぼくらはその前でお座りして待っている。

ニャ☆
「入ってもいいですか？」
チャロちゃんは三歳ですね？
ニャ☆
「いえ二歳です」
ニャ☆
「二歳ですっ」
水かけ論はやめましょう

17 お嬢様と執事のマッサージ

最近のチャロちゃんは随分〝人〟が、いや猫が変った。猫田家の人に、懐《なつ》くようになった。とりわけお父さんには、よくまとわりついているよ。それには理由がある。

春先から彼女の抜け毛がひどく、ブラッシングしようとすると逃げまわる。もっぱらお母さんに追いかけられているので、結果的にはお母さんをやや敬遠《けいえん》ぎみで、その反動で、ブラッシングをしないお父さんに懐《なつ》いているようだ。

お父さんが部屋にいる時は、遠慮《えんりょ》がちではあるが、頻繁《ひんぱん》に入り込んでいる。それだけではなく彼に匂い付けをして、マッサージをおねだりすることも多い。彼は、

「ハイ、ハイ」

と言って、それに応じている。軽く手を握り、拳《こぶし》を作って、顎《あご》の下、耳の横そして首筋などを丁寧に撫でてやっている。されている本人は気持ちよさそうに喉《のど》をならし、目を細めている。

でも、このお客さん、要求が厳しい。

「今度は、こっち。今度は、あっち」

とか言って、次々と姿勢を変える。お父さんはパソコンを見ながら、空いた左手でマッサージしていることが多い。そのため肝心《かんじん》なところに指が届いていないことがある。そうすると、膝《ひざ》から降りて、お父さんに面と向かって、

「ニャオ（もっと真剣にやって）」

と抗議《こうぎ》する。〝執事《しつじ》さん〟は、

「ハイ、ハイ承知《しょうち》しました」

と言って、今度は少し真面目《まじめ》に〝患部《かんぶ》を手当《てあて》〟する。


ある朝、お父さんがパジャマから下着に着替えようとした時である。例によって、彼女はマッサージをおねだりにきた。何度か姿勢を変え、次の姿勢に移ろうと、左横からお父さんの左ふとももに右前足をかけ、またいで股《また》の間に座ろうとした。しかし、運悪く、足が滑《すべ》ってしまった。ところが、お父さんの方も運悪く、たまたま〝社会の窓〟が

開いていた。ご想像《そうぞう》の通り、チャロちゃんの右前足が父上の〝大事な物〟に触れた。爪をたてられたら大変なので、そのまま左手でマッサージを始めた。その間、チャロちゃんは気持ちよさそうに喉をならし、目を細めていた。一方、お父さんは気が気ではなかった。やや冷や汗の数分が過ぎ、ようやく、彼女が姿勢を変えた。それからおもむろに〝社会の窓〟から、静かに前足を抜いた。

それで、その日のマッサージは終了。〝お嬢様〟はお尻をふりながら、静々《しずしず》と部屋を出ていきました。

後日、お父さんが、この日の朝の出来事を数人のご夫人に報告すると、F夫人は口に含んでいた紅茶を吐き出して、笑いこけた。ホテルのレストランで同じ話をT夫人の前で、お披露目《ひろめ》したら、やはり今度はウーロン茶を吐き出して腹を抱えた。この話がどうして、人間のご夫人たちに受けるのか、猫には分からない。

ニャ☆
「入ってよろしいですか？」
ニャ☆
「もっとまじめに
マッサージして！」
ハイ
ハイ
!

18 屁負比丘尼《へおいびくに》

部屋の入り口で
「ニャオ（入ってよろしいでしょうか）」

「何か用事ですか」

「ニャオ（少々……）」

「それではどうぞお入り下さい」

これはいつも見かける光景である。

「プー」

とチャロちゃんのお尻のあたりで変な音がした。

しばらく、二人の間に時間の止まったような静寂《せいじゃく》が続いた。

お父さんの両目が上下左右に大きく動いた。彼女の瞳孔《どうこう》も心なしか少し開いたように見えた。

「チャロちゃんはオナラをしましたね」

「ニャオ（いいえ、していません）」

この時は「サイレントミャオ」で表現した。

※「サイレントミャオ」とは声を出さず口だけ開けて鳴く真似《まね》をする猫独持《ねこどくじ》のコミュニケーションの方法。親愛《しんあい》の情《じょう》を表す時に用いると言われている。

「したでしょう」

「ニャオ（いいえ、していません）」※「サイレントミャオ」で再び

「ここには貴女《あなた》とお父さんしかいませんよ。そちらで音がしたのだから、間違いがないじゃないですか。

猫田家のお嬢さんとしては少しはしたないですね。それではここで良い話をしてあげましょう。チャロちゃんには猫に小判の話になるかもしれませんが……」

「ニャオ（そんなことはありません。私も最近、随分《ずいぶん》、知能指数《ちのうしすう》が上がりましたから）」

「それでは話を続けましょう。江戸時代、大店《おおだな》いわゆる大きな商家《しょうか》には屁負比丘尼《へおいびくに》という特別な尼《あま》さんが雇《やと》われていました。彼女は大店《おおだな》のお嬢様に、お呼ばれがあった時、下女《げじょ》と一緒にお供《とも》することになっていました。その頃、着物を着て帯《おび》をきつく絞《し》めていたので、オナラが時々でたのです。招待席《しょうたいせき》で、もしお嬢様が「プー」を言ってしまったら、大変ですね。そんな折《おり》には『失礼しました、私が致しました』と身代《みが》わりで謝罪《しゃざい》するのです。言うならば、オナラ代理人というわけですね」


「猫田家は大店《おおだな》ではないので、屁負比丘尼さんを雇《やと》うことができません。もし、オナラが出そうになったら、おトイレで水を流しながらしなさい」

「ニャオ（お父さん、猫のトイレには水が出ません）」

「それでは砂をかけながらしなさい。分かりましたか」

「ニャオ（はい、今度からそうします）」

　ちなみに、ぼくは両親の前でオナラをしたことがない。

!
プー
・・・・・
・・・・
屁負比丘尼
は…

19 〝アダルトシッター〟と「裸のマハ」

鳥取のM先生のところには二匹の猫がいる。一昨年の十一月末、お父さんが名物のカニを食べに行った時、彼らの一匹、ハナちゃんに会った。正式には「Mオハナ」という。十六才のメス猫で、人見知りがひどく、来客があると、すぐ姿を隠す。ところが、お父さんが訪れると逃げるどころか、そばに寄ってきた。なぜか、その日は無性《むしょう》に人懐《ひとなつ》っこい。ひざ元で、横になり、おなかを見せ、前足をおって完全無防備《かんぜんむぼうび》の状態を見せた。

M先生とはなしが始まると、間もなく、ハナちゃんはコックリし始め、ものの四、五分経《た》つと、目の前で寝てしまった。そんなことは初めてで、M家では話題になった。お父さんからは、ぼくたち猫を安心させるオーラが出ている。

ところで、ハナちゃんには八才の弟がいる。名前は「Mモモ」という。モモくんには変わった習性がある。S先生は九時過ぎやや早目に就寝《しゅうしん》する。その時、必ずやってきて、鼻をなめ、「早くおやすみ」と言わんばかりの行動をとる。寝つくまで、添《そ》い寝《ね》をしているそうだ。

朝五時頃、今度はハナちゃんが起こしににやってくる。M家には二匹のベビーシッターいや〝アダルトシッター〟がいる。

大阪のS先生のところにも、猫三匹と犬一匹が飼われている。末っ子のラムちゃんは一才のメス猫で、なかなかの美形《びけい》だ。

古民家《こみんか》の壁の隙間に閉じ込められていたのをS先生が救済《きゅうさい》した。まだ、下《しも》の世話もできない、乳飲み子を、奥さんが我が子のごとく献身的《けんしんてき》に育てた。

先輩猫は大きくなってから、引き取られてきたので、S先生には懐《なつ》いていない。しかし、ラムちゃんはオッパイをやりながら育てたので、彼にもよくなついている。少々お転婆《てんば》のようだが、親愛の情を込めて時々小指を甘噛《あまが》みしてくれるそうで、それがたまらないらしい。きっと、若い美人女性に指をもて遊んでもらっている、不謹慎《ふきんしん》な妄想《もうそう》でも描いていているに違いない。

今では、「裸のマハ」（スペインの画家、ゴヤの作品）ような媚態《びたい》をさらす彼女の姿をスマホで撮りまくっている。もちろん、会うたびにその写真をお父さんに自慢げに閲覧《えつらん》させている。

最近では、

「ピアスをした不良《ふりょう》ノラ猫とは付き合わせない」

とか、訳の分からないことを言っているとか。でもお母さんは、

「S先生も女の子をもつ男親の心境《しんきょう》を、人並《ひとな》みに味わっているのよ」

と言っていた。

ぼくも交際を申し込もうと思ったが、S先生にはとんでもない体験がある。そのリベンジでもされたら、たまらないので断念《だんねん》した。

20 ブルーベリーのカプセルから本物のブルーベリーが育ったはなし

S家の面白いネタを一弾《いちだん》ご披露《ひろう》する。

お父さんがS先生のところに出張診療するようになって足掛《あしか》け八年になる。昼食《ちゅうしょく》のデザートには必ず、三種類の果物を添《そ》えてくれる。すべてS先生のお母さんのご厚意《こうい》による。これからのはなしはそのお母さんにまつわるエピソードだ。

一昨年、S先生の左目が突然「網膜浮腫《もうまくふしゅ》」という病気になった。目の病気は歯科医《しかい》にとってかなりしんどい病《やまい》だ。お父さんもいたく心配した。

眼科の専門医に言わせると

「原因は不明、これはという治療法もない」

とのことである。

真っすぐな柱がビア樽状《だるじょう》に見えてしまうそうだ。ただ、眼科医《がんかい》は学会でも薦《すす》めているブルーベリーサプリメントを紹介してくれた。

実は、お父さんも軽い「老人性白内障《ろうじんせいはくないしょう》」になっている。ただし、手術するほどではなく、日常の診療にもほとんど支障《ししょう》がない。そのこともあって。効き目があると言われる、北欧産《ほくおうさん》のブルーベリーサプリメント（エキスをカプセルに封入《ふうにゅう》されている）を毎日愛飲《あいいん》している。

S先生から「網膜浮腫《もうまくふしゅ》」のはなしを聞いて、さっそく、持参《じさん》していたカプセルを二十個ほど進呈《しんてい》した。それをS先生は空の茶碗に入れ、洗面所の棚に保存した。

翌朝、お父さんから処方《しょほう》されたように、いざ服用《ふくよう》しようと、茶碗の中を覗いたら、中には水が入っていて、それも紫色に変色していた。もちろん、カプセルは原型を留《とど》めていなかった。これには驚いた。

「お母はん、これどないしたんや」

「植物の種やと思って水をいれといたんや」

「植物の種と違うねん、猫田先生からいただいた高価《こうか》なサプリメントやね、どないしてくれるんや」

翌日、この愉快《ゆかい》な出来事を聞き及んだお父さんは当面必要なサプリメントを郵送《ゆうそう》し、購入先《こうにゅうさき》のアドレスも知らせた。

翌月、大阪のS邸《てい》の客室でお茶をいただいた朝、すかさず、

「お母さん、ブルーベリーは芽が出ましたか」

と聞いた。先方は一瞬とまどったが、後は笑ってごまかした。

隣室《りんしつ》に戻った時、

「T、許さんわ」

という声が聞こえた。まさか、先月の事件を、S先生が口外《こうがい》するとは思っていなかったようである。

同じ日、

「お母はん、ブルーベリーは芽がでましたか」

とお父さんと同じ質問をした人間がいる。S歯科に勤務していた若いアシスタントである。

「あんな若い子にも馬鹿にされたわ」

とまた怒っていた。

ところで、大阪というところには、「お母はんネタ」と言って、自分の母親をこきおとして、笑いを誘う独特《どくとく》の風習があるらしい。確かに身内の自慢話は鼻につくが、失敗談は聞いていても面白いし、不快ではない。

「網膜浮腫」は一ヶ月ほどで快癒《かいゆ》したそうだ。

それから、約一年後、昼食の例のデザートをいただいている時、いかにもスーパーで購入したとおぼしきケースに入ったブルーベリーを差し出し、薮《やぶ》から棒《ぼう》に、

「これ屋上で採《と》れたブルーベリーです」

とS先生のお母はんが言ってきた。これにはさすがのお父さんも呆気《あっけ》にとられて、十数秒呆然としていた。

ようやく、一年前のリベンジであることに気づいた。S先生も同じだった。お父さんの完全な一本負けである。さぞかし、隣室に戻ってガッツポーズでもしていたに違いない。

「ユーモアは知性と言葉の教養の結晶である」

一本負けのお父さんだったが、何か清々《すがすが》しい余韻《よいん》が残った愉快《ゆかい》なはなしだ。

ブルーベリー

21 ツナの真空パックでバスケットボール

台所のドアがその日に限って、少し開いていた。

「しめしめ」

ある期待感をもって中に忍び込んだ。ぼくの勘《かん》が当たった。そこには、かねてから注目していたダンボール箱が置いてあった。

中には、ツナのひと口サイズを真空パックした猫のおやつがたくさん入っている。そのダンボールの箱の上に登れば、軟らかい紙のフタはつぶれて、隙間を埋めてあるガムテープとの間にスペースが生じることは実験済みだった。

軽快《けいかい》なジャンプで、ダンボール箱に飛び乗った。フタは見事につぶれて隙間ができた。楽に前足が入ったので、その後、首を突っ込んで、中から真空パックを取り出した。その場で袋を破って食べたのでは面白くない。隣のリビングの中央にくわえて行った。ぼくには必ず〝戦利品《せんりひん》〟をリビングに運ぶ習性がある。そこで上に放《ほう》り投げて、落ちてきた獲物《えもの》をつかむ。それを何回か繰り返すうち、袋に歯が当たって、パックの中に空気が入って、中の好物《こうぶつ》が味わえる。

一個目の獲物《えもの》を賞味《しょうみ》したら、また、台所のダンボールから袋を取り出す。次にリビングでバスケットボールゲームに興じてその後、食する。勿論、チャロちゃんもちゃっかりご相伴《しょうばん》にあずかった。

五個目の袋を持ち出して遊んでいたところ、運悪く、早目に帰宅したTお兄ちゃんに見つかってしまった。

好物《こうぶつ》を探索《たんさく》、発見、それをせしめてゲームで楽しみ、その後、食する。その日はまさに充実した一日だった。充分《じゅうぶん》に満腹感《まんぷくかん》を味わったので夕食のカリカリに手が出なかった。

当然、リビングには真空パックの残骸《ざんがい》が散乱していた。お母さんは少しおかんむり、お父さんは笑っていた。

ツナ
パック
ツナ
パック

22 お勉強の時間

二才になったのを機会に、チャロちゃんとぼくの二人にお勉強の時間ができた。

「猫でもマナーをわきまえないと尊敬《そんけい》されない」

というのが〝父上《ちちうえ》〟の持論《じろん》だ。最近は歩きながら幕《まく》の内弁当を食べる若者や通勤電車の中でスパゲティーを食べる女の子もいるんだって。彼が嘆《なげ》いていた。

おおよそ朝晩二回、ぼくらはお父さんの部屋に呼ばれる。

「チャロちゃん！　ジョンくん！」

という声が聞こえると、急いで二階に上がる。〝父上〟は座布団《ざぶとん》の上で正座して待っているよ。

「ここにお座りしなさい」

と膝《ひざ》の前を指差す。ぼくは直ぐそれができるようになったけれど、チャロちゃんができるようになったのはごく最近だよ。三つ指ついて待っていると、〝先生〟はおもむろにカバンのチャックを引き、中からわれらが好物のおやつを取り出す。

一つ摘《つま》んで、

「待て！」

の声とともにぼくの前に置く。最初のうちは食べたくてつい手を出してしまった。そんな時、お父さんは手で遮《さえぎ》って
「待てだ」

次に、

「待て！」

の声とともにそっと手を離していく。

「待て！」

の声は朝の読経《どっきょう》のようなダミ声なので、ものすごく迫力がある。じっとおやつを見ているしかないんだ。十秒経ったら、

「よし」

と優しく言ってくれる。そしたら、食べていい。

ぼくの後はチャロちゃんの番だ。これを四、五回くりかえす。あまりにお腹が空いている時は、

「待て！」

ができないことがあるけれど、今はほぼ完璧《かんぺき》にできる。よくできた時は、

「ジョン、お前は賢《かしこ》いな」

と言って、頭を撫《な》でて誉《ほ》めてくれる。チャロちゃんも、

「最近はおりこうになったね」

と頭を撫でて誉めてくれるよ。

しかし、彼女は「待て！」がまだできない。

「今日は終わり」

の挨拶《あいさつ》があるとぼくらは部屋から出て行く。

ぼくは「お座り」、「待て」、「よし」、「終わり」の言葉の意味をはっきり理解している。

「お手」、「おかかわり」ができる猫がいるが「待て」はややむずかしい。

夜、お父さんが二階に上がる気配《けはい》を感じる時、ぼくは食卓の下、チャロちゃんは椅子の上で横になっていることが多い。三人申し合わせたように視線が合う。すると、彼は右手の人差し指で斜め上を示す。これは「二階へ行く」の合図だ。

チャロちゃんは椅子から、いち早く飛び降りて、お父さんを追い抜いて、二階へ上がる。お勉強の時間は、彼が先生だからこれはまずい。「三歩下がって、師《し》の影《かげ》を踏《ふ》まず」。

ぼくは、後について行くが、ひとまず、踊り場で待っている。カバンからおやつの入った袋が出る音を確認してから、部屋に入る。それまでお父さんはちゃんと待っていてくれる。

23 猫のアサハラショウコウ

猫田家の庭に数匹のノラ猫がやってくる。そういうぼくもお父さんに保護されなかったら、ノラ猫になっていたかもしれないけれど……。

ぼくは大人になったので、猫田家のテリトリーを守らなければならない。だから、家中の見回りは欠かせない。

我が家の庭を徘徊《はいかい》するノラ猫の中に、とてもふてぶてしいやつがいる。人間社会にも誰が見ても不快な印象を与えるやつがいるでしょう。そうだなー、例えるとカルト教団の教祖だった、アサハラショウコウにそっくりな輩《やから》だ。

その日も奴は、ガレージや玄関の近くにやたらとマーキングする。その都度、お母さんはホースの水でその小便を洗い流し清掃する。お母さんも腹を立てている。彼は図々《ずうずう》しくも、ガレージに駐車してあった車のタイヤ近くの日だまりで昼寝をしていた。

それを見つけたぼくの身体にはアドレナリンが大量分泌《ぶんぴ》した。和室の窓から
「シャー（出て行けー）」
と叫んだ。それをぼくと一緒に見ていたお父さんも、
「シャー（出て行け）」
と言ったんだ。ぼくが異常興奮《いじょうこうふん》してきたので、不測《ふそく》の事態《じたい》を考慮《こうりょ》してお父さんは彼を早く退散《たいさん》させようと思ったのだ。
人間も猫語の「シャー」を話すんだと少し驚いて、お父さんを見上げて、小さく
「シャー（出て行けだよね）」
と言ったら、お父さんも
「シャー（出て行けだ）」
と言ったよ。
それで、ぼくはもう一度、大きな声で
「シャー（出て行け！）」
と叫んだ。

しばらくして、猫語を話す人が玄関のドアを開けたら、さすがのショウコウも、渋々《しぶしぶ》立ち去った。

一方、ぼくは、しばらくその興奮《こうふん》が静まらず、家中を走りまわっていた。

人間のショウコウは、複数の女性信者をマインドコントロールして、妊娠させたよね。近所にメスのノラ猫も沢山いるから猫のショウコウも妊娠させているに違いない。いらつくなあ。

お父さんの心配が現実になってしまった。数ヶ月後、あいつのお陰で、ぼくはお母さんにとんでもないことをしてしまうんだ。

「ちくしょう。ショウコウは許せない」

シャー！
シャー!!
「出て行け」

24 家庭内暴力

ある天気の良い日、庭の桃の木にリードでゆわいつけられていた。お母さんは少し離れた所で草木の手入れをしている。そこへ、隣家《りんか》との境《さかい》にあるブロック塀《べい》の上をふてぶてしくゆっくり、例の〝ショウコウ〟が歩いて来た。

それに気づいたぼくはアドレナリンが身体中《からだじゅう》に溢《あふ》れてきた。一瞬にして野生山猫《やせいやまねこ》のオスに変身して暴れだした。それに気づいたお母さんは、塀《へい》の上の〝ショウコウ〟を追い払おうと声を出しながら、ボクの後ろに回った。その時、ぼくはいわゆる精神錯乱状態《せいしんさくらんじょうたい》になっていた。

大好きなお母さんだけれど、もう一匹の敵が近づいて来たように感じて、とっさに腕に噛《か》みつき爪を立てた。しかし、〝ショウコウ〟はすでに遠くへ姿を隠した。

爪をたてられたお母さんの腕から血が滴《したた》り落ちた。それでも彼女は冷静になって止血し、興奮しているぼくをどうにか家の中に入れて、その後ゲージに入れて落ち着かせた。

それから、傷の手当のため皮膚科《ひふか》に行った。担当の医師から「明日から腫《は》れるかもしれませんよ」と言われた。しかし幸《さいわ》いにも、傷跡《きずあと》は残っているが大事にいたらなかった。

事件の夜、お父さんが帰宅し、事の顛末《てんまつ》をお母さんから聞いて、だいぶ驚いた。もちろん、お母さんの傷をいたく心配した。

夕食後、お父さんが二階に上がると

「ジョンくん」

と、お呼びがかかった。ぼくはまた、例の〝お勉強〟だと思った。しかし、

「ここに座りなさい」

と言われた。いつもの雰囲気《ふんいき》と違うので、すぐ〝お勉強〟の時間でないことに気づいた。

ぼくはいつも通りお父さんの前に座った。

「ジョン、お母さんに謝ったのかい？」

という言葉が発せられた。猫が人間に謝る訳がない。しかしお父さんは、人間の子どもだと思ったに違いない。きょとんとしているぼくの顔を、両手でやさしく挟んで前後に

揺すった。しかし、当の本人は、事件のことをもう忘れていた。

それから一週間経《た》って、傷に当ててあるガーゼをお父さんが取り替えている姿を相棒《あいぼう》が食い入るように覗いていた。彼女の瞳孔《どうこう》は大きく開いて、びっくりしていた。

※専門家の意見によると、家猫が野良猫とケンカすると、家猫でも過度の精神興奮状態になる。その時そばに近寄ると、飼い主と言えども咬まれることがあるので、注意が必要とのこと。外には出さない方が得策のようだ。しかし、オスはどうしても家の外に強い関心をもつ。

25 猫の身体的ハンデ

入り口に立たずんでいる猫に「○○ちゃん」と飼い主が声をかける。これに気付いた本人は、即座《そくざ》に逆立ちをして、飼主のそばにやってくる。逆立ちするめずらしい猫がいると関心した。実はその猫は、後ろ足がまったく機能不全《きのうふぜん》、不随《ふずい》であることが判明した。しかたなく、移動の方法として逆立ちをするようになった。逆立ちして移動しなければならないから、前足の筋肉が隆々《りゅうりゅう》に盛り上がって発達している。これはテレビで見た感動話だ（ネットでも見た）。

その猫は、その一家のかけがえのない一員になっている。飼主の息子さん（実際の主人）が、近くの駐車場で雨に濡れて泣いていたその子を保護した。飼育してしばらくすると、後ろ足が不自由であることがわかった。しかし、その子はそんなことにはめげず、逆立ちして移動することを会得《えとく》した。このテレビを見ていたお父さんは、そっと眼鏡《めがね》を外して鼻をかんでいた。

「二足歩行」する猫も見たことがある。前足が不自由か、機能不全でまったく使えない場合におきる。もちろん、大多数は後ろ足が健全な場合が多い。

次は、いつもおばあさんの後に付いて、野良仕事《のらしごと》にでかける、白猫（名前は『ふくまる』）の話だ。この猫は生まれつき、左右の目の色が違い、耳が聴こえない。鳴けないのでどうするか。「アイコンタクト」でおばあさんに意志を伝える。だから、いつもおばあさんと一緒だ。

そのうちおばあさんも、耳が聴こえなくなった。耳の不自由な者同士で、仲良く生活していた。

おばあさんも寄る年並に勝てず、天国に召《め》された。間もなく白猫ふくまる君も後を追う。ネットでは世界的に閲覧《えつらん》された有名な話だ。

猫には身体的なハンデをコンプレックスと感じる脳の働きがない。与えられた環境を精一杯生きようとする姿に人間は感動する。

○○ちゃん
トトト…
ムキ
ムキッ
グス.
あの猫は足が
不自由だけど
一所懸命生きて
るんだよ

26 猫の癒し

ぜひ、猫を飼ってもらいたい方がいる。お父さんの知人のMさんだ。

一昨年、長年連れ添った奥さんが悪性の脳腫瘍で先立たれた。その心痛《しんつう》、落胆は著《いちじる》しく、今でも、睡眠導入剤《すいみんどうにゅうざい》とお酒の力を借りなければ眠れない。泥酔《でいすい》して、警察の留置所《りゅうちじょ》で一晩《ひとばん》過ごしたこともある。以前は、いかに慰《なぐさ》めようにも、良い手段が見つからなかった。

ところで、奥さんが入院していた病院にはこのような方の心のケアを担う係が設置されていて、毎週Mさんの安否《あんぴ》を確認する電話がある。その時、担当者が、

「Mさん、犬か猫を飼ってみてください」

と言うそうだ。

犬や猫を飼うことに癒しの効果があることが、医学的見地で確認されているのだ。

奥さんの納骨《のうこつ》を済ませた福島の菩提寺《ぼだいじ》の住職《じゅうしょく》さんも、同時期に奥さんを失い、しばら

くは毎日泣いていたそうだ。

ところが、ある人の勧めで、猫を三匹飼い始めた。すると、その後すっかり生活がポジティブになり、毎日が楽しく暮らせるようになった。Mさんはその住職さんにも猫飼いを勧められていた。

時折、墓参りにそのお寺を訪れると、三匹の猫の内、特に一匹がMさんに懐《なつ》き、優しく歓待《かんたい》してくれると感激していた。

そんな話を聞いたお父さんも、今は立派な愛猫家《あいびょうか》だ。

さっそく、

「その猫は、Mさんが生来《しょうらい》猫好きであることを、ちゃんと見抜いているんですよ。だから、ぜひ、猫を二匹飼ってみてください。きっと楽しいことがありますよ。そして、猫との生活を日記に書いてみてはいかがですか」

とアドバイスした。

お父さんが、こんな話をもちかけたのは、Mさんも、菩提寺《ぼだいじ》の住職さんのように生活が一変すると確信したからだ。睡眠導入剤と深酒《ふかざけ》からも、オサラバして、良い生活に、きっと戻れると予感したのだろう。

ベテラン猫飼いYさんの話である。Yさんは最盛期八匹の猫を飼っていた。その内の一匹は、難病《なんびょう》を患《わずら》っていた◯◯ちゃん。その子は不思議なオーラを出す猫だったそうだ。その猫のそばにいると奇妙《きみょう》に身体の疲れが消えたり、気持ちがよくなる。特に少学生くらいの子は敏感《びんかん》にそれを感じたそうだ。残念ながら、◯◯ちゃんは五才で天国に召《め》された。

我々猫は人間の心と身体を癒す、何かを秘めているに違いない。

頭痛が…
ぼくに
触ってごらん
良くなった!!

27 猫好きの人

ぼくは、猫好きの人がよく分かる。ただ、人間そのものを警戒《けいかい》している仲間もいる。その多くはトラウマによるものが多い。チャロちゃんはどちらかというと、この部類に入る。

ところが、ソマリの血を引くぼくらは、根っからの人好きである。しかし、猫嫌いの人には、こちらからは近づかない。

年末も押し迫ったある日の夕方、チャイムが鳴った。

休みの日だったので、お父さんは在宅していた。お母さんは夕食の準備があったので、玄関には出られなかった。代わりにお父さんが出て行った。当然、ぼくも一緒に出て行った。例によって、チャロちゃんは二階へ逃げた。

玄関のドアが開いて、小太りのおじさんが入ってきた。すぐ、彼が大の猫好きであることを察知した。お父さんの制止も聞かず、玄関の靴拭きに身体ごとニオイ付けをして歓迎した。おじさんは会社のカレンダーを届けに来たのだ。

玄関の入り口に腰をかけたので、ぼくはおじさんの膝の上に前足を乗せて、鼻をくっつけた。それに対して、彼は嫌がりもせず、にこにこ笑う。

「○○さんは猫好きなの?」

と父は尋ねた。

「ええ、猫が大好きなんです。ただ妻が猫嫌いなので、家で飼えないのです。昔、猫を飼っていた時は、目の前で子猫をカラスにさらわれた悔しい経験がありますよ」

「そう、この子も実はカラスに襲われているところに私が遭遇《そうぐう》して、今、家の子になっているんだよ」

そのうち、おじさんの膝の上に登ってニオイ付けをしてみた。おじさんも嬉しそうだった。

毎週、水曜日朝八時頃、クリーニング屋さんが来る。時々、お父さんの散歩帰りとかち合う。ある時、草を採集《さいしゅう》して来たお父さんと会った。玄関を開けると、ぼくとチャロちゃんが迎えに出ているので、少しびっくりしていた。お父さんが持ってきたネコ草を、おいしく食べている様子を不思議そうに見ていた。こちらも、すぐお姉さんが猫好きであることに気付いた。お父さんが
「クリーニング屋さんは猫が好きですか」

「ええ、家でも二匹飼っています。その草を食べるんですね」

と、笑顔で対応する。

ぼくもネコ草を食べ終わったので、お姉さんに近づく。お姉さんは、白い手を差し伸べてくれた。ぼくも、彼女の右手の指先に鼻をつけ、においを嗅《か》いでみた。女の人特有の良い香りがした。これは猫の特権かな。

正月五日、我が家に来客があった。その人が玄関に入った時、すぐ分かった。猫好きであることを。チャロちゃんは二階に避難《ひなん》。来客はお父さんにお年賀を差し出し、食卓に座った。お母さんが、

「コーヒーはお好きですか」

と、問うと、

「ええ、好きです。今日はまだ飲んでないので、本当は飲みたいと思っていたのです」

「それは良かった。おいしいコーヒーを今淹《い》れましょう」

と、コーヒーを淹《い》れ始めた。

その間お父さんは、彼と仕事の話をしていた。行儀が悪いことなのだが、ぼくは食卓に飛び乗って、お客さんの前に来て、鼻のにおいを嗅いだ。彼はぼくの尻尾《しっぽ》の付根《つけね》を撫《な》でた。

「私も猫二匹、飼っています。ところで、この猫ちゃんは、とても良い猫相《ねこそう》をしていますね。猫相《ねこそう》は、どんな人間に、どのように育てられたかで変わるんですよ」

台所でコーヒーを入れていたお母さんの顔が、急に、ほころんで嬉しがっていた。愛《あい》猫《びょう》家《か》にとって、最大の賛辞《さんじ》なんだよ。

来客が帰った後、両親はぼくの顔を見ながら、

「私たちは、自分の子どものことで褒《ほ》められた事はなかったわね」

と笑いながら話していた。こんなこと、Mお姉ちゃんやTお兄ちゃんが聞いたら、きっと怒るよね。

こんにちは
これこれ お行儀の悪い…
この子は猫相が 良いですね

28 サイコパス

ぼくも大人になったので、少し人間社会を批評《ひひょう》してみたい。

最近、人間社会で肉親を殺害する事件が後を絶たない。尊属殺人《そんぞくさつじん》が殺人事件の50％を占《し》めているそうだ。ふと、思うのだが、それらの家庭で、猫が飼われていた匂いを感じられないのはぼくだけかな。ちなみに、猫は親を殺すことがない。

ところで、年少者による猟奇殺人事件を考察してみると、それらには共通の前兆現《ぜんちょうげん》象《しょう》が見られる。

例えば、佐世保同級生殺人事件《させぼどうきゅうせいさつじんじけん》、時代を遡《さかのぼ》って、神戸サカキバラセイト事件など、これらの事件は我々《われわれ》猫の虐待《ぎゃくたい》、殺戮《さつりく》から始まった。このような場合、小動物の殺害《さつがい》がサイコパス（反社会的発達障害）として固定化し、最後は殺人事件《さつじんじけん》まで発展すると考えても良いのではないか。

つい数日前、池袋など、東京北東部に猫の虐殺《ぎゃくさつ》事件が多発したという報道があった。

猟奇殺人事件《りょうきさつじんじけん》の予備軍《よび》が育っているのでは思うと恐ろしい。

年少者による猟奇殺人《りょうきさつじん》の事例は、もはや、少年院などで更正《こうせい》できるレベルではないと考える。一種の脳の病気に入るのではないか。詳しい事は人間の児童病理《じどうびょうり》心理学の専門家に任せるとしても、周囲の人間は子どもたちにこの情動発達《じょうどうはったつ》の異常がみられないか注意を払うことは肝要《かんよう》と考える。

一方、幼い子が道端《みちばた》で見つけた捨て猫を家に持ち帰り、お母さんと一悶着《ひともんちゃく》起こす。その子は泣く泣く子猫を返すふりして、こっそり彼らを飼ったなどよく聞くはなしだ。こういう場合、健康な社会的発達がされていると考えてよいのではと思う。

社会の諸現象《しょげんしょう》を我々猫に対する挙動から客観的に洞察《どうさつ》する研究も必要かなと思える。

猫ごときが偉そうなことを言って申し訳ありません。

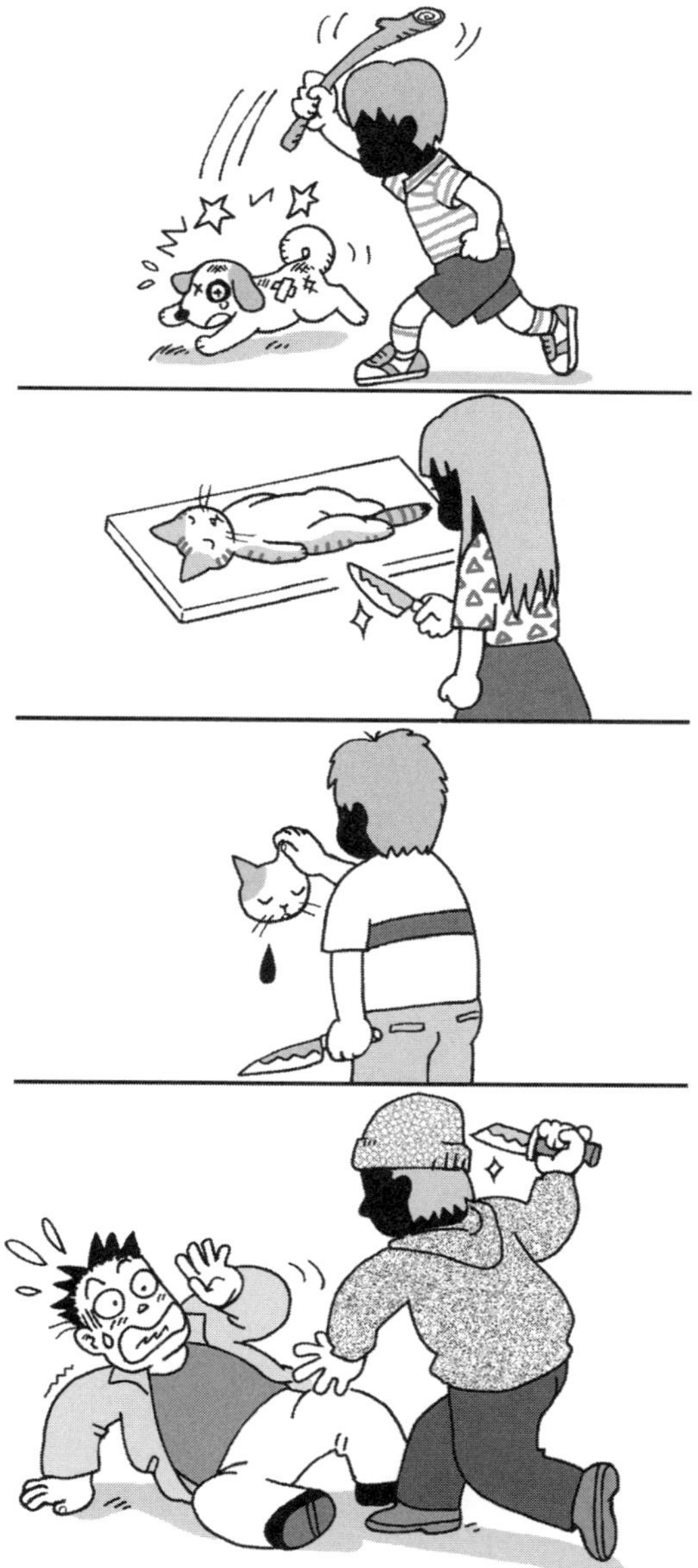

29 脱衣所に閉じ込められたチャロちゃん

猫田家の引き戸は立て付けがよいので、猫のぼくでも、簡単に開けることができる。

一番開けやすいのが仏壇《ぶつだん》の下の引き戸だ。お父さんが二階でお仕事をしている時、部屋に入ってそこへ侵入したことが何度もあるよ。中は少々線香《せんこう》臭いけれど、穴蔵《あなぐら》に入った感じで面白い。時々、お父さんが意地悪をして戸を閉めてしまうけれど、平気だ。簡単に開けて出てこられるもん。

次に開けやすいのが二階のお風呂（薬湯専用風呂）の引き戸、三番目が一階の浴室、四番目がリビングから台所へ行く引き戸かな。あとは二階のクローゼットの引き戸も開けやすい。ぼくの足は、チャロちゃんや日本の猫のそれよりひと回り大きいんだ。足の細い彼女はまったく戸を開けられない。

ある時、お母さんが二階のお風呂に入ろうとしたら、脱衣所《だつぃじょ》の足ふきタオルで相棒が寝ていた。構《かま》わず、お母さんはそのまま脱衣所《だつぃじょ》の引き戸を閉めてしまった。

閉じ込められた恐怖から、

「ニャオー、ニャオー（開けてちょうだい）」

と大きく泣きだした。お母さんは湯船《ゆぶね》に入ってしまったので、脱衣所《だついじょ》に行くことができない。

けたたましい鳴き声から、一階で休んでいたぼくは彼女の異変を察《さっ》した。それで、急いで二階に駆《か》け上がった。お風呂の引き戸の前まで来ると、中でチャロちゃんが激しく泣いている。〝見廻《みまわ》り役〟は瞬時に、彼女が脱衣所《だついじょ》に閉じ込められていることを感知した。例によって、難《なん》なく、引き戸を開けると〝被害者《ひがいしゃ》〟は〝脱猫の如く〟飛び出し、一階へ駆《か》け下りて行った。

実は、ぼくが駆《か》け上がってくる足音を聞いたお母さんは、そっと浴室のドアの隙間から、引き戸を開けるのを見ていたんだ。

お母さんがお風呂から上がって、バスローブを着ている時、ぼくが開けた隙間から、脱衣所《だついじょ》に入った。

「ニャオー（チャロちゃんを出してあげたのはぼくなんだよ）」

と報告すると、

「ジョンちゃんは偉いわね」

と誉めてくれた。

ニャオ
ニャオ
「戸を開けて！」
ニャオ
ニャオ
「戸を開けて！」
ぼくが
開けたんだよ
ジョンは
えらいわね

30 チューブ落とし

ソマリは普通の猫より好奇心が強く、遊びが大好きだ。小さい時は買い物用のビニール袋に飛び込んで遊んだ。お父さんが拾ってきたドングリでチャロちゃんと〝猫サッカー〟をして戯《たわむ》れたこともある。ぼくはお母さんと今でもオニごっこをする、特に、待ち伏《ぶ》せするのが得意だ。

こちらも二才を過ぎたので、遊びが高度になった。もちろん、誰かさんと違って、夜遊びではない。高度な遊びとは人間とゲームをすること。言葉を変えると、それはある種のいたずらだね。

人間だって、猫にいたずらをする。ぼくがカリカリの入った缶を倒して音を出す。でもそれを面白がって、お父さんはその缶を立て直す。しょうがないから、また倒す。彼は笑いながら、また直す。こんなことが続くとぼくだって少しイラつく。

お母さんのコスメには、とても興味がある。しかし、度が過ぎると、ひどい目にあう。爪《つめ》にマニュキアを塗《ぬ》っていた時、あまり近づき過ぎたので、揮発性薬剤《きはつせいやくざい》をまともに吸ってしまった。おかげでしばらくクシャミがとまらなかった。でもお母さんは笑うだけで、同情《どうじょう》など少しもしてくれなかった。

彼女はファンデーションを落とすため、チューブからクリームを絞《しぼ》り出す。その後、ふたをしてテーブルの隅《すみ》に置く。その時、ちょうどぼくはそのそばに座っていた。チューブを前足で蹴《け》ると床に音をたてて落ちた。それが、何となく愉快《ゆかい》に感じた。

物音に気づいた彼女は、拾って元の場所に置く。当方は躊躇《ちゅうちょ》なく前足で蹴《け》って、また下に落とす。今度は、相手も少し考えて、反対側の隅《すみ》に置く。ぼくは移動して、チューブを落下させた。お母さんはさすがに、少々機嫌《きげん》が悪い。

「ジョンちゃん、仏《ほとけ》の顔も三度までよ」

と言う。あれ、これはどこかで聞いたフレーズだ。

人間をからかうのはとても愉快《ゆかい》だ。どうも病《や》みつきになりそうだ。

31

ぼくの徴兵《ちょうへい》

お父さんの涙が膝《ひざ》の上に一つ、二つと落ちてきた。

「ジョン、お父さんはお前に、人間を殺せとは教えなかったぞ」

と彼は号泣《ごうきゅう》した。夢はそこで醒《さ》めた。夢から覚めたお父さんは全身冷《ひ》や汗をかいていた。

ある朝、両親がこの夢のはなしをしていた。

ぼくが徴兵《ちょうへい》され、中東《ちゅうとう》の紛争地域《ふんそうちいき》に出兵《しゅっぺい》する夢をお父さんがみたと言うのだ。

夢の中で、両親がぼくを前に座らせて泣いていたそうだ。チャロちゃんも涙を流して大泣きしていた。ぼくがノラクロ二等兵ではあるまいし、戦争に行くはずないのに。

安保法制《あんぽほうせい》がついに強行採決《きょうこうさいけつ》してしまったね。

現政権《げんせいけん》は、徴兵《ちょうへい》はあり得《え》ないと言っているが、信用できないね。だって、「奨学資金《しょうがくしきん》」の返済に窮《きゅう》した学生には「防衛省《ぼうえいしょう》」の職員《しょくいん》として数年働けば返済を免除《めんじょ》する制度を運用し始めたよ。

いわゆる「経済的徴兵《けいざいてきちょうへい》」だ。これは山本太郎代議士《だいぎし》が国会で追求していた。四国の某《ぼう》高校で「自衛隊科《じえいたいか》」ができたと「毎日新聞」で報じられていた。

建交労《けんこうろう》と輸送業者《ゆそうぎょうしゃ》が、労使共同《ろうしきょうどう》で戦争法（安保法制《あんぽほうせい》）廃止《はいし》をもとめる。二千万統一署《しょ》名《めい》活動を開始した。

全国日本海員組合でも、有事《ゆうじ》に船員のおじさんたちを、予備自衛隊《よびじえいたい》にしようとする防衛省計画に大反発、先の戦争で民間船舶《みんかんせんぱく》の船乗りさんも多数犠牲《ぎせい》になったことをかんがみて絶対反対の宣言《せんげん》を出した。

このままだと、日本の右傾化《うけいか》、軍国化の動きは強くなる恐れがある。日本の将来が心配だ。

日本の若者が、戦争に巻き込まれて、〝猫死《ねこじ》に〟するなんて、猫でも悲しいよ。

32 チャロちゃんのチクリ

最近はすっかり甘え上手になったチャロちゃん。お父さんが、リビングで横になってテレビを見ていると、必ずそばに来て、

「ニャオ、ニャオ（?）」

と、鳴く。彼は最初、この言葉の意味が分からなかった。

アグラをかいてテレビを見ていると、静かに横から滑り込んで、股の所に鎮座《ちんざ》する。これが快いのだ。だから「ニャオ、ニャオ」は、

「起きて、アグラをかいてテレビを見て」

ということなのだ。

そのことが理解できた彼は、チャロちゃんがそばに来て、

「ニャオ、ニャオ（起きて頂戴《ちょうだい》）」

というと、必ず起きて、アグラをかく姿勢をとる。すると彼女はおもむろに、例のベス

トポジションに座る。

出張《しゅっちょう》から帰ってきたある日、いつものように、リビングで横になってテレビを見ていたお父さんのそばで〝お姉ちゃん〟はおねだりをした。

「ハイ、ハイ」

と言って、アグラをかくと、例のポジションをとる。それからが大変だった。

チャロちゃんの顔を見ていたお父さんは、目の異変に気づいた。

「ニャオ、ニャオ（お父さんはどこへ行っていたの）」

「ニャオ、ニャオ（わたし淋《さみ》しかったの）」

「ニャオ、ニャオ（お父さんがいないときは、お母さんに甘えたの。そしたらジョンくんがやきもちをやいて、わたしに乱暴《らんぼう》したの）」

「ニャオ、ニャオ（それで右目に猫パンチが当たったの）」

「それは痛かったね」

「ニャオ、ニャオ（お母さんがマコモの目薬をつけてくれたの。でもまだ、涙がでるの）」

お父さんは目の上を軽くなでて、

「痛いの、痛いの、飛んでけ！」

なんて言うんだよ。こんなやり取りを、彼女はお父さんの膝《ひざ》に乗ったまま、後ろを振り返り延々《えんえん》と続けた。〝チクって〟いたんだ、およそ一時間。それを見ていたお母さんは

「思いのたけを、訴《うった》えているのよ」

と、にこにこしながら見ていた。

後でお父さんに、少し怒られた。白い相棒は動作が鈍《にぶ》く、ガードが甘い。ぼくの猫パンチのよけ方が悪いんだ。

ちなみに、脱衣所《だついじょ》に閉じ込められたとき、助けてやったのはこっちですよ。猫でも女は〝チクる〟んだ。とかく女族は扱いにくいなあ。

ニャォ
ニャォ
「お父さん、どこへ行っていたの」
ニャオ
ニャオ
「ジョンちゃんが乱暴したの！」
ここが痛いの！」
痛いの
痛いの
飛んでけ～

33 戦火の馬

ジョーイ（馬）が破傷風《はしょうふう》にかかっているため、安楽死《あんらくし》させようと拳銃《けんじゅう》が向けられた。その時、この馬を取り囲む兵士たちの奥から、フクロウの鳴き声を真似《まね》た指笛《ゆびぶえ》の音が聞こえてきた。指笛《ゆびぶえ》の主はアルバート（元の飼い主の青年）だった。ここでジョーイとアルバートは奇跡の再会を遂《と》げる。

ジョーイにまたがったアルバートは、黄金色《こがねいろ》の夕日を背景に、故郷《こきょう》の丘を行く。ここには年老いた両親が彼らの帰りを待っていた。胸にぐっとくる場面だ。安堵感《あんどかん》を超越《ちょうえつ》した、どこか威厳《いげん》に満ちた、美しい眼をした馬の横顔が大写《おおうつ》しになった。ここで、映画が終わる。

これはスティーヴン・スピルバーグ監督《かんとく》の「戦火《せんか》の馬《うま》」のフィナーレだ。

この映画の基《もと》は「戦火《せんか》の馬《うま》」という児童小説だ。

「戦火《せんか》の馬《うま》」（原題……War Horse）は、1982年にマイケル・モーパーゴによって書かれた物語だよ。

実は、原作に興味あるエピソードがある。２０１０年12月、ＢＢＣラジオ４の「サタデー・ライヴ」でのファイ・グローバルによるインタビューで、モーパーゴはこの本について述《の》べているので紹介しよう。

「バーミンガムから来たビリーという少年がこの農場に来た時、教師達は彼が吃音症《きつおんしょう》であり、もし話しかけると彼は応えなくてはいけないと怯《おび》えさせてしまうので直接話しかけないようにと告《つ》げた。

最後の夜、彼らが泊《と》まっている農場のヴィクトリア調の大邸宅《だいていたく》の後ろにある庭に行くと、スリッパを履《は》いたビリーがランタンに照らされながら馬小屋の扉の前に立ち、話していたのだ。馬に向かい、何度も何度も話をしていたのだ。馬のへービーは扉の上に頭をもたげ、話を聞いていた。この馬はここにいなくてはいけないと思っていたに違いない。なぜなら少年が話をしたくて、そして馬はそれを聞いていたかったのだ。

私は野菜畑を通って教師達を連れてきて、影に隠れ、ビリーが話すのを聞いていた。話すことができなかった子どもがすらすらと話していることに皆《みな》驚いた。何の恐れもなく、馬と少年の間に親密さと信頼が生まれていることに私は非常に感動し、これで馬の視点から第一次世界大戦の物語を書く自信がついた。そう、馬に話を語らせよう。兵士を通して戦争の話をしよう。まずはイギリス兵で、次はドイツ兵、そして冬の間に馬と過ごすフランス人家族。これなら第一次世界大戦で世界中が困難に陥《おちい》ったことを描《えが》ける。それで私は六ヶ月かけて馬の気持ちで書いたのだ」と。※ウィキペディアを参考にさせていただきました。

ぼくたち人間に愛着を抱く動物は、言語《げんご》以外の方法でも、コミュニケーションをとろうとするのだ。誠意《せいい》、愛情、哀《あわ》れみなどは動物にも通じることが多いんだ。そして信頼関係が生まれる。信頼のホルモンと言われる「オキシトシン」が動物との間でも、絆《きずな》が築《きず》かれると分泌《ぶんぴつ》されるんだよ。

アメリカには人間に催眠術《さいみんじゅつ》をかける犬もいる。不思議でしょう。

34 白雪とブチの会話

「ジョン」

と、二階からぼくを呼ぶ声がした。急いで駆《か》け上がっていくと、

「ここに座りなさい」

と、お父さんが彼の目の前を指差した。丁度《ちょうど》、浅田次郎さんの『一路』を読んでいたらしい。

「ジョン、良い話だ。聞いていなさい」

と言って、小説の一節をぼくに読んで聞かせた。白雪とブチという、二頭の馬の会話だ。

「かわりに、いつの間にたどり着いたのであろうか、ブチが誰にいざなわれるでもなく歩み寄って、白雪の顔に鼻を寄せた。

『あたし、これからどうすればいいの。道中はまだ続くし、お江戸なんて見たためしも

ない。あのね、白雪さん。あたしね、馬喰《ばくろう》が売り損ねた馬なのよ。そんなあたしが、あなたなしでやって行けると思う？　これまでだって、あれこれ教えてくれたじゃないの』

『馬に生まれ育ちなどあるものか。わしはおまえに初めて会うたとき、加賀宰相殿の御手馬かと思うた。それくらい器量《きりょう》よしで、力も強い。おのれの出自など金輪際《こんりんざい》、口に出してはならぬ。さすればおまえは、誰がどう見ても百万石《ひゃくまんごく》の御手馬じゃ。よいな、ブチ。けっして振り返らず、前を見て歩め。おのれを信じよ』

『あたし、そんな馬じゃない。そんなたいそうな馬じゃない』

『たいそうな馬かどうかは、御殿様《おとのさま》がよう知っておられる。あのお方は、人の善《よ》し悪《あ》しはよう見分けられぬが、相馬眼《そうまがん》はたしかじゃ。のう、ブチやい。この峠《とうげ》を越《こ》ゆれば、あとは碓氷《うすい》の峠《とうげ》があるくらいで、それもさほどの難所《なんしょ》ではない。左京大夫様をよろしゅう頼むぞ。忠義《ちゅうぎ》の限りを尽《つ》くして、お務《つと》めを果《は》たせ』

『行かないで。あたしをひとりにしないで』」

読み終える頃、お父さんの声は少し、涙声になっていた。

おやつがもらえないので、しばらくして、一階へ降りていった。

でも彼が、ぼくに伝えたいことがあったんだと、後で分かった。

「ジョバンニ！　猫に生まれも育ちもあるものか。おまえは誰が何と言おうと立派な猫だ。おまえはたぐいまれな知恵ある猫だ。おまえの才能をもっともっと磨《みが》き、猫田ジョバンニとして一所懸命生き抜くんだ。捨て猫であったことなど、決して引け目に思うことはない。真っすぐ生きるんだ」

ここへ座りなさい
「死なないで」

35 お父さんとの約束

猫田の両親は滅多《めった》にケンカをしない。しかし、ある日の夜、かなりの大声で怒鳴《どな》り合うことがあった。ぼくは食卓の下で、伸《の》ばした下顎《したあご》を前足に乗せ、目を閉じ、静かに寝たふりをしていた。ともかく、ただただ、寡黙《かもく》になって、成《な》り行《ゆ》きを見守るしかなかった。

そのうち、両者に少々の沈黙《ちんもく》が続いた。間もなくして、お母さんの方が「私は寝る」と言って、二階へ上がってしまった。リビングにはお父さんと〝ぼくら二人〟だけが取り残された。

その場所には、まるで不釣《ふつ》り合いな絵画《かいが》が並んだ、あの画廊《がろう》のごとき、気まずい雰囲《ふんい》気《き》が漂《ただよ》っていた。

一階に取り残された片方の人間は、腕を組み、じっと　天井を見つめていた。しばらくして、足元で寝ている〝家族の一人〟に気づいた。その場にしゃがみ込み、そっと抱きか抱えてくれた。

お互いに目があった。ぼくは心の中でこう呟《つぶや》いた。

「ぼくたちはお父さんとお母さんがどちらも大好きさ。だから、どちらの味方にもなれないんだ。二人がケンカをすると、とても悲しいよ」

するとこちらの目を見ていたお父さんが、

「分かった。これからは、私から大きな声を出したり、相手をなじったりしないよ。ジョン、約束するよ」

と言ってくれた。

彼はその言葉を、深く咬《か》み締《し》めているようだった。それから〝家族の一人〟を静かに床に下ろしてくれた。気がつくと、強い磁力《じりょく》に引き寄せられるように、お父さんの足元で、幾度《いくど》となく、匂《にお》い付けを試みていた。心の底から、何か熱いものがこみ上げてきて、救世主に初めて出会った、あの公園のことを思い出している自分に気づく。

ふと、上を見上げると、見下ろすお父さんの優しい視線と交差した。この時から、ぼくらは本当の親子になった。

ぼくの父親に対する愛慕心《あいぼしん》は母親に対するそれと違うと思う。人間だって、親父さんに対する親近感《しんきんかん》や愛着心《あいちゃくしん》と、おふくろさんに対するそれとは異なるでしょう。猫だって同じさ。

「父の道は当に厳《げん》に慈《じ》を存すべし」

「母の道は当に慈《じ》に厳《げん》を存すべし」

約束は、その後もちゃんと守ってくれている。この事件の後に二度ばかり、お母さんが相手を大声でなじったことがあった。けれど、彼は静かにうなずくだけで、ケンカにはならなかった。返って、怒りすぎた彼女の方が体調を崩《くず》すことがあったけれどね。

お父さんが二日以上、出張で家を空ける間、ぼくは必ず彼の布団《ふとん》で寝ることにしている。かすかに残っているぬくもりが、なぜか快《こころよ》い。

留守《るす》の間、〝捨て猫ソマリ〟は一家の主の代わりを務《つと》め、背すじを、まっすぐ延《の》ばして、人間のように寝ている。そんなぼくの姿を、お母さんはきっと頼もしく見守っているに違いない。今では元の飼い主を、少しもうらんでいない。

その後、両親にいさかいはなく、日々是好日《ひびこれこうじつ》、猫田家の毎日が続いている。時には、いたずら小僧を怒っているお母さんの声が聞こえてくることはある。

「ぼくは、お父さんと
お母さん、どちらも
大好きなんだ」

あとがき

散歩の帰り際、横断歩道を渡り切ろうとした時、ある光景が目にとまりました。10メートルほど離れた車道の上で、二羽のカラスが、15センチくらいの布切れ状の物体を、左右で引っぱり合っているのです。

カラスを追い払って近づいて見ると、それは子猫の死骸《しがい》でした。白に黒が少し混じった可愛《かわい》い猫でした。二十分前まではそこにいなかった子です。大きい外傷はありませんでしたが、多分、車にぶつかり絶命《ぜつめい》したのでしょう。後続の車に引かれ、内蔵が破裂《はれつ》する危険がありましたので、とりあえず道端《みちばた》の生《い》け垣《がき》の根元に移動しておきました。

夜、確認しに行くと、すでにその姿はありませんでした。親切な方が処理してくれたのでしょう。

これは本書の原稿を整理し始めて、間もなくの頃の話です。

もし、公園で生きて出会っていれば、ジョンに弟か妹ができていたかもしれません。このように、猫にとっても、運命の展開は紙一重《かみひとえ》の差という現実が横たわっています。

ところで、文豪夏目漱石には小説「吾輩は猫である」を執筆《しっぴつ》する以前、かなり精神を病んでいたという記述があります。特に、英国留学から帰国した当時は深刻だったようです。しかし、ある日、夏目家に一匹の黒爪の黒猫が迷い込んできたことで、彼の人生が大きく変わります。それから、猫小説の執筆を機会に、作家として大成《たいせい》していくのです。

当初、奥方の鏡子さんは猫嫌いだったそうです。ところが、ある知人から黒爪の黒猫は縁起《えんぎ》が良いという話を聞かされ、その後は大切に世話をするようになりました。それを機に、黒猫は夏目家に幸運をもたらしていくことになります。

さて、漱石が処女作を書くきっかけになった重要な人物のことは、あまり知られていません。英国に留学していた折《おり》、当地で人気を博《はく》していた一人の猫画家がいました。彼の名はルイス・ウエイン（南条竹則著「吾輩は猫画家である」ルイス・ウエイン伝、集英社新書）と言います。

彼の猫絵は十九世紀から二十世紀にかけてイギリスで爆発的人気を誇《ほこ》っていました。

「吾輩は猫である」の一節にルイス・ウエインの絵はがきが登場するぐらいですから、少なからず影響を受けたことは推測《すいそく》できます。ところで、このイギリス人もピーターという白黒の猫との出会いで、人生が大きく変わった人間の一人でした。

彼の十才年上の愛妻《あいさい》エミリーは乳がんを患《わずら》い、闘病生活を止《や》むなくされました。そういう彼女を慰《なぐさ》めるため、一匹の猫を飼うことにしました。それだけでなく、ある日から彼女に喜んでもらおうと、愛猫《あいびょう》の絵を描《えが》くようになったのです。最初は、ピーターをモデルにした、一介《いっかい》の猫絵画家だったウエインは妻が亡くなった後、子どもにも有名な売れっ子猫画家になっていきます。

そのウエインは、残念ながら、晩年、統合失調《とうごうしっちょう》という精神病を患《わずら》い、最後は老衰《ろうすい》と尿毒症で亡くなりました。享年《きょうねん》七十八歳でした。しかし、彼は「ナショナル・キャット・クラブ」の会長を歴任、「猫の家」、「迷い猫の避難所」、「我らがもの言わぬ友達連盟の評議会」などを支援しました。かの愛猫家《あいびょうか》が猫の地位向上のために果たした功績《こうせき》は数知れず、今でも多くのイギリス人に愛され、その名は長く語り継がれています。

猫との巡り会いから有名な猫画家になったイギリス人と、その影響を受け、さらに自分も同じ動物との出会いから作家として、大成していく日本人がいました。そこには、偶然にも彼らの運命を伐《き》り拓《ひら》いていく、二匹の猫が存在したことになります。

幸《さいわ》いにも、私は二十五年間、坐禅《ざぜん》修行する機会に恵まれたため、精神に支障《ししょう》をきたすことがありませんでした。おかげで、現在もつつがなく天職に従事《じゅうじ》しています。

しかし、本書からも推察《すいさつ》いただけるように、ジョバンニとの出会いが、以前にはない、特別な、そして充実した変化を私の人生にもたらしていることは確かです。一方、彼もこの二年で身体だけではなく、精神もずいぶん大人になりました。

本文にありますように、あるベテラン愛猫家《あいびょうか》が、こう言っていたことを思い出します。「飼われている猫の〝猫相〟を見ると、その子がどんな人に、どのように育てられたかがうかがい知れる」と。

猫と一緒に暮らすには、ただ溺愛《できあい》するのは好ましことではないのかもしれません。彼らの成長に合わせて、わずかながらもある知能の発達を促《うなが》すため、メリハリのある接し方が必要と考えます。彼らもそれを望んでいることを実感する貴重な体験を得ました。これは人間の教育にも多いに共通する事柄《ことがら》だと思います。

読者の皆さんの中には、なにがしか、動物との奇妙な心の交流を経験した方も多いことと思います。とりわけ猫との思い出は多いと推測《すいそく》します。彼らは不思議な動物で、そして、とても優しい生き物です。猫たちには人間の心と身体を癒《いや》す不思議な力もあります。

拙著《せっちょ》がきっかけで、新しい型の、猫好き人間が輩出《はいしゅつ》することになれば、それは大変嬉しいことです。お邪魔でなければ、カバンやバッグにこの本をしのばせておいてはいかがでしょうか。気持ちが塞《ふさ》ぎそうになったり、荒々しくなった時、お気に入りのページを開くと、あの子たちが皆さんを慰《なぐさ》めてくれるかもしれません。

最後まで本書をお読みいただき、誠にありがとうございました。

出版にあたり、色々お世話になった青月社の笠井譲二編集長にお礼申しあげます。

原稿の清書を手伝っていただいた佐々木莉瑛さんに感謝します。

平成二十八年一月、通勤電車の中で

傍目捨石

著者略歴

傍目捨石（おかめ しゃせき）

1944 年 8 月 2 日　北海道に生まれる。
職業：歯科医師

捨て猫ソマリの独り言

発行日　2016年 6月 15日　第 1 刷

定　価　本体1200円＋税
著　者　傍目捨石
イラスト　上杉しょうへい
発　行　株式会社 青月社
〒101-0032
東京都千代田区岩本町3-2-1 共同ビル8F
TEL 03-6679-3496　FAX 03-5833-8664

印刷・製本　株式会社シナノ

ISBN 978-4-8109-1299-9

2,025

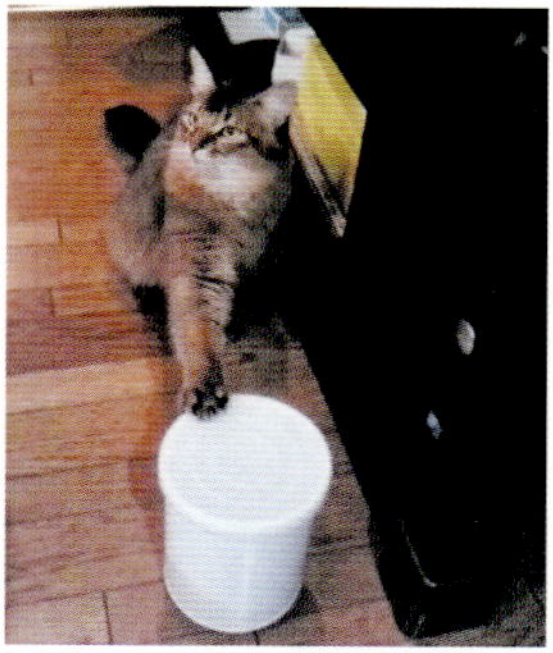

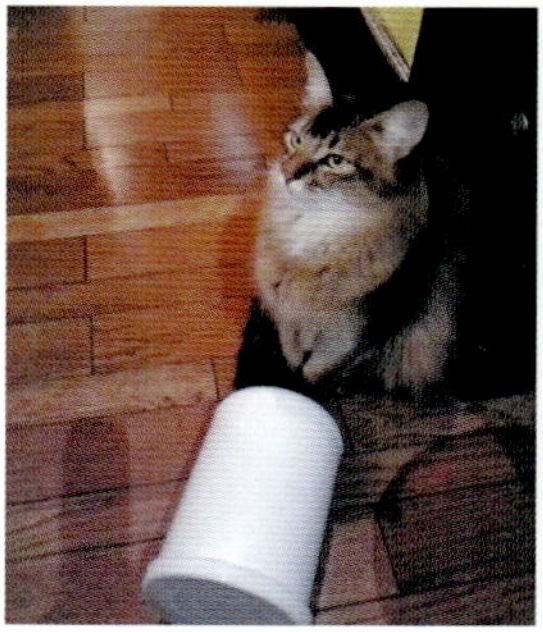